Inocencio González Reolid

AF884111

Vehículo Solar Autónomo para Crear Algoritmos de Gestión de Energía

Como utilizar las Energías Renovables para impulsar un vehículo eléctrico autónomo

PUBLICIA

Impressum / Aviso legal
Bibliografische Information der Deutschen Nationalbibliothek: Die Deutsche Nationalbibliothek verzeichnet diese Publikation in der Deutschen Nationalbibliografie; detaillierte bibliografische Daten sind im Internet über http://dnb.d-nb.de abrufbar.
Alle in diesem Buch genannten Marken und Produktnamen unterliegen warenzeichen-, marken- oder patentrechtlichem Schutz bzw. sind Warenzeichen oder eingetragene Warenzeichen der jeweiligen Inhaber. Die Wiedergabe von Marken, Produktnamen, Gebrauchsnamen, Handelsnamen, Warenbezeichnungen u.s.w. in diesem Werk berechtigt auch ohne besondere Kennzeichnung nicht zu der Annahme, dass solche Namen im Sinne der Warenzeichen- und Markenschutzgesetzgebung als frei zu betrachten wären und daher von jedermann benutzt werden dürften.

Información bibliográfica de la Deutsche Nationalbibliothek: La Deutsche Nationalbibliothek clasifica esta publicación en la Deutsche Nationalbibliografie; los datos bibliográficos detallados están disponibles en internet en http://dnb.d-nb.de.
Todos los nombres de marcas y nombres de productos mencionados en este libro están sujetos a la protección de marca comercial, marca registrada o patentes y son marcas comerciales o marcas comerciales registradas de sus respectivos propietarios. La reproducción en esta obra de nombres de marcas, nombres de productos, nombres comunes, nombres comerciales, descripciones de productos, etc., incluso sin una indicación particular, de ninguna manera debe interpretarse como que estos nombres pueden ser considerados sin limitaciones en materia de marcas y legislación de protección de marcas y, por lo tanto, ser utilizados por cualquier persona.

Coverbild / Imagen de portada: www.ingimage.com

Verlag / Editorial:
PUBLICIA
ist ein Imprint der / es una marca de
OmniScriptum GmbH & Co. KG
Bahnhofstraße 28, 66111 Saarbrücken, Deutschland / Alemania
Email / Correo Electrónico: info@omniscriptum.com

Herstellung: siehe letzte Seite /
Publicado en: consulte la última página
ISBN: 978-3-639-55743-5

Copyright / Propiedad literaria &cop Inocencio González Reolid
Copyright / Propiedad literaria © 2016 OmniScriptum GmbH & Co. KG
Alle Rechte vorbehalten. / Todos los derechos reservados. Saarbrücken 2016

Inocencio González Reolid

Vehículo Solar Autónomo para Crear Algoritmos de Gestión de Energía

ÍNDICE

Capítulo 1

"No tengas miedo a nada, según
le pidas a la vida, así te dará".
Propio.

RESUMEN

La utilización de energías renovables en la propulsión de vehículos eléctricos es un reto que la ciencia tiene pendiente. Sólo en determinadas misiones, como las exploraciones espaciales, satélites artificiales y algunas puntuales en exploraciones terrestres se utilizan módulos solares fotovoltaicos.

Este trabajo es el inicio de, como se puede propulsar un vehículo autónomo eléctrico utilizando únicamente energía solar. Para ello se ha tenido en cuenta la generación energética obtenida con los módulos solares fotovoltaicos, los consumos debidos a la tracción, a las comunicaciones y los sensores, teniendo en cuenta el conseguir realizar correctamente la misión encomendada.

El principal reto con el que se parte antes de diseñar un vehículo propulsado con energía solar, es el estudio del entorno por donde va a moverse, verificar la radiación solar que va a recibir, para saber de qué energía va a disponer, después la elección de los componentes utilizados y el tamaño del vehículo, teniendo siempre en cuenta que la energía consumida debe ser siempre menor que la obtenida y generada, incluyendo la almacenada en sus acumuladores.

Este trabajo está centrado en la simulación del sistema de generación energética y consumo, por otro lado y no menos importante, la realización del Modelo de vehículo solar en el entorno Simulink/Matlab®, para verificar y simular el comportamiento de los elementos energéticos implicados, que una vez validado el modelo, se puede aplicar a otras plataformas y/o vehículos eléctricos solares autónomos y/o tripulados.

Capítulo 1

1 Introducción.

1.1 Objetivo.

Este trabajo consiste en el desarrollo de un Vehículo Solar Autónomo y las posibilidades de realizar misiones terrestre no supervisadas o supervisadas, siendo una plataforma experimental para el desarrollo de algoritmos de gestión energética, para la navegación como vehículo autónomo, utilizando energía solar fotovoltaica, como fuente de energía.

Para su control, lleva un piloto automático, en el que se ha implementado un gestor de la energía en un microcontrolador, completando un equipo destinado a exploraciones o misiones de larga duración, sin la presencia humana, capaz de reaccionar por sí mismo, ante eventualidades como detección de obstáculos, poca radiación solar, etc.

También permite capturar información mediante sensores y enviar datos en tiempo real a un centro de control, mediante un sistema de telemetría.

Palabras clave—Plataforma solar, robots navegadores, robots autónomos, vehículos solares autónomos, computación embebida.

1.1.1 Resumen.

Mediante unos sensores que captan la información procedente de la tierra, del Sol, de las estrellas y un reloj biológico interno, el cerebro de los animales migratorios construyen mapas cognitivos para guiarse en sus desplazamientos estacionales de migración [1].

Las tortugas bobas (Caretta caretta) pueden hacer desde el nacimiento lo que los humanos han luchado para dominar durante siglos, navegar miles de kilómetros en el océano, longitudinalmente o en dirección de este a oeste, sin puntos de referencia visual. Lo hacen mediante señales magnéticas, según un estudio realizado por investigadores de la Universidad de Florida, publicado en la revista Current Sciencie.

Se postula que son capaces de averiguar la longitud por no perder de vista el ángulo de inclinación en la que los campos magnéticos que se cruzan la superficie de la Tierra, y la intensidad del campo, Figura 1.1. Estos cambios en la longitud y la latitud llevan la forma de una "firma magnética".

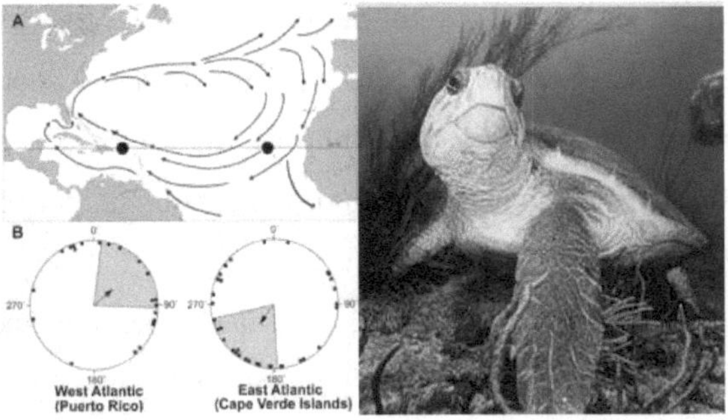

Figura 1.1.- Navegación de las tortugas boba y foto

Fuente: Cilia Hernández con datos de MEES y Bloomberg.

Parece ser que las tortugas pueden tener un mapa magnético con "bi-coordenadas", basado en inclinación e intensidad, Figura 1.2., que no codifican la longitud y latitud en sí, sino que ofrece a las tortugas las dos informaciones: de este a oeste y de norte a sur a lo largo de sus vías migratorias [2], [3], [4], [5].

La paloma mensajera utiliza un sistema de navegación similar al de la tortuga boba, cuando no hay sol, ya que disponen de una especie de brújula solar, que detectan la posición exacta del sol en todo momento.

Las langostas Panulirus argus, se orientan hacia sus hábitats naturales por la información posicional del campo magnético en esos lugares.

El ser humano consigue orientarse utilizando el campo magnético terrestre, mediante brújulas, pero éstas sólo detectan una parte del campo magnético, mientras que las tortugas bobas consiguen navegar gracias a que nunca pierden de vista la inclinación e intensidad del campo magnético terrestre, creando un mapa magnético en sus cerebros con "bi-coordenadas", de esta manera, consiguen navegar de este a oeste, de norte a sur y viceversa, a lo largo de sus vías migratorias [2]-[5].

En la Figura 1.2 podemos ver las tres componentes del campo magnético terrestre, necesarias para una navegación completa, algunos animales son sensibles a estas tres componentes, pero el ser humano, todavía no es capaz de construir aparatos capaces de detectar la inclinación e intensidad del campo magnético, con suficiente sensibilidad para que sea útil para la navegación.

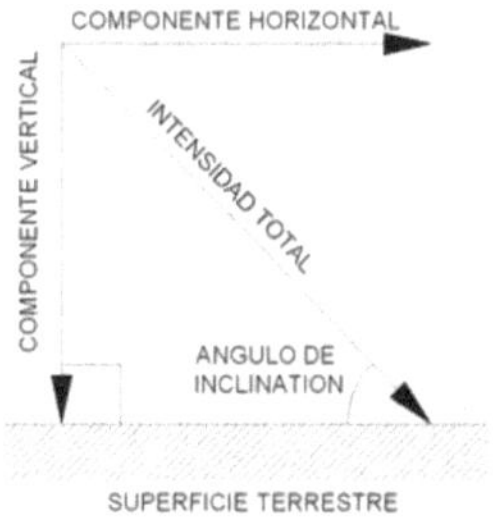

Figura 1.2.- Inclinación e intensidad del campo magnético terrestre
Fuente: Cilia Hernández con datos de MEES y Bloomberg.

La navegación autónoma de robots en entornos desconocidos constituye uno de los retos tecnológicos más importantes en el campo de la robótica móvil. El problema que se plantea es cuando un robot móvil se encuentra en un ambiente no estructurado, donde existen una serie de obstáculos y un objetivo o meta [6].

El aporte energético es uno de los principales problemas que se debe resolver para un robot destinado a misiones de larga duración, en entornos hostiles y alejados de la presencia humana, tales como misiones espaciales, exploraciones planetarias, navegación en océanos y lagunas, exploraciones en desiertos y regiones polares, descensos en océanos a grandes profundidades, exploraciones volcánicas, etc.

El vehículo solar autónomo (SAV) es controlado mediante un piloto automático, se ha añadido un sistema basado en microcontrolador, al que se le ha implementado un algoritmo de gestión de energía, para que sea capaz, por sus propios medios, de forma autónoma, de navegar por el entorno, evitando los obstáculos y alcanzando la meta, realizando una supervisión de la energía solar recibida, de la energía almacenada en las baterías y de la energía consumida.

El algoritmo de control va gestionando el consumo moderado de energía del SAV, variando su velocidad, su dirección y sentido, para que, en ningún momento se quede sin energía, completando su objetivo o misión.

De esta manera el SAV es capaz de mantener su funcionamiento en misiones de exploración de larga duración, abastecido sólo con la energía recibida del Sol.

Utiliza para la navegación señales GPS y compás electrónico.

En este trabajo, la autonomía del vehículo es evaluada en diversos escenarios.

También, el SAV lleva un sistema de gestión energético para realizar misiones de largo recorrido o duración, con la auto-ayuda del almacenamiento en baterías de la energía proporcionada por las células fotovoltaicas, permitiendo proporcionar energía en los momentos de baja radiación solar.

Se trata de que el robot, por sus propios medios, de forma autónoma, navegue por el entorno, evitando los obstáculos y alcanzando la meta. Hay varios enfoques para resolver el problema, se está trabajando en mejorar los métodos clásicos de planificación de trayectorias, como los grafos de visibilidad, los diagramas de Voroni, etc. [7], los sistemas de control inteligentes, basados en técnicas de Inteligencia Artificial, Lógica Fuzzy [8], [9], y las Redes Neuronales Artificiales [10], [11], muchos de estos sistemas están teniendo éxito debido a su gran capacidad de emular los sistemas de navegación natural de los animales.

Se realiza un modelo de SAV y un entorno de simulación mediante Simulink/Matlab, donde se ha creado un subsistema de módulo fotovoltaico, de regulador de carga, de baterías y de motores, la parte de simulación y comportamiento se planea la ruta a realizar por la plataforma robótica y mediante métodos de evasión de obstáculos, permite que el robot realice la trayectoria preestablecida, evitando los obstáculos que se encuentre en su camino y llegando con éxito a la meta.

La plataforma experimental se abastece con células solares fotovoltaicas, donde la energía obtenida se almacena en baterías, por ello, el sistema de control energético, debe gestionar la energía para evitar que el robot se quede sin suministro energético cuando haya poca radiación solar o sea de noche.

Este trabajo está organizado de la manera siguiente: Capítulo 1, resumen. Capítulo 2, se describe sobre energía y energías renovables. Capítulo 3, estado del arte de los vehículos eléctricos y solares. Capítulo 4, se describe el vehículo solar autónomo

SAV, con el sistema de navegación, el sistema de gestión de energía y dispositivos integrantes. En el Capítulo 5, se describe el diseño y elección de los elementos del SAV, esquemas eléctricos y descripción de elementos. En el Capítulo 6, se describe el sistema generador fotovoltaico y se exponen los resultados de su simulación. En el Capítulo 7, se expone el modelo del SAV, en Simulink/Matlab®,, versión R2012b y se describen las gráficas de los resultados de la simulación. Los resultado experimentales del vehículo solar propuesto para comportamientos de alcance de objetivos y seguimiento de trayectoria con evasión de obstáculos, se muestran en el Capítulo 8. Finalmente, en el Capítulo 9, se presentan las conclusiones basadas en los resultados experimentales y líneas de investigación futuras.

Capítulo 2

2 Antecedentes históricos de la energía.

2.1 La era del petróleo.

Durante la segunda mitad del siglo XX, el modelo energético mundial se ha basado en el uso de combustibles fósiles, del cual se obtiene la gasolina y el gasoil, que se utilizan como combustibles para los vehículos con motor de combustión interna.

La Figura 2.3. se muestra la evolución histórica del precio del petróleo desde 1970 hasta 2008, se aprecia el incremento muy acentuado desde el 2000.

Aproximadamente el 80% de la energía consumida en el planeta viene del gas natural, petróleo y carbón. El sector del transporte por carretera depende prácticamente al 100% del petróleo.

2.2 Dependencia del petróleo.

Como antes se ha apuntado, uno de los grandes problemas que enfrenta nuestro país es la elevada dependencia energética que tiene del exterior, en especial, del consumo de derivados del petróleo. La introducción de la movilidad eléctrica en el transporte por carretera ayudará a reducir de forma directa la dependencia energética del petróleo y en definitiva, la dependencia energética del exterior, favoreciendo el consumo de las energías autóctonas, especialmente las derivadas de fuentes renovables.

Figura 2.3.- Evolución histórica del precio del petróleo desde 1970 hasta el 2008, precio y reservas mundiales de petróleo.

Fuente: Elaboración Cilia Hernández con datos de MEES y Bloomberg.

2.3 Evolución del consumo de energía en España.

En la Figura 2.4. se aprecia la evolución del consumo de energía en España desde 1973 hasta la actualidad.

El gran avance de la industria, del sector inmobiliario y del sector automovilístico, entre otros factores, en España en los años 70, del pasado siglo, provocó un crecimiento casi constante del consumo de la energía en España.

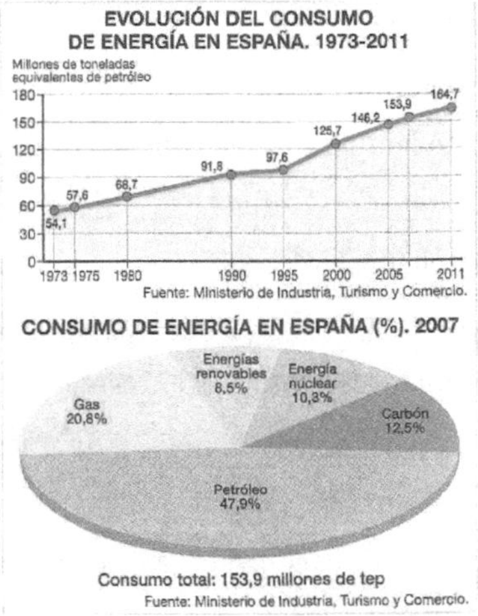

Figura 2.4.- Evolución del consumo de la energía en España en millones de toneladas equivalentes de petróleo.

Fuente: Ministerio de Industria, Turismo y Comercio.

2.4 Las energías renovables.

Las energías renovables han estado presentes desde el principio de la humanidad, desde siempre hemos usado la biomasa, la energía solar, la energía eólica, la energía de las olas, de las mareas, etc., y reaparecen en el siglo XX.

En la Figura 2.5. se aprecia el desarrollo de las energías renovables frente a la energía térmica basada en la quema de combustibles fósiles y a la energía nuclear desde 1900 hasta la actualidad y posible evolución hasta el 2030.

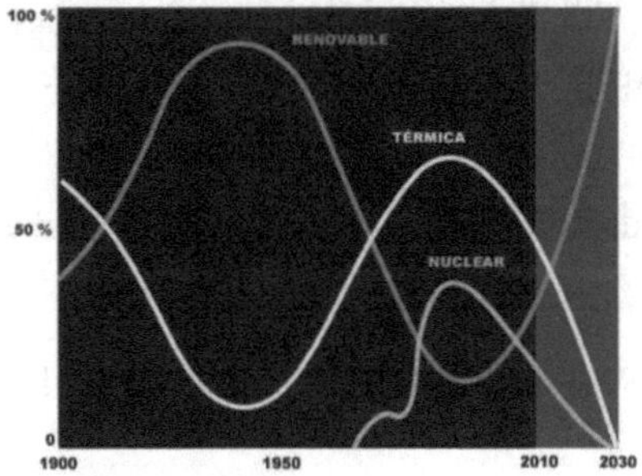

Figura 2.5.- Evolución de las energías renovables frente a la energía térmica y a la energía nuclear desde 1.900 hasta la actualidad.
Fuente: ASIF (Asociación de la Industria Fotovoltaica)

El aprovechamiento de las energías renovables se ha introducido paulatinamente, la hidráulica se desarrolló en el siglo XX y en el siglo XXI, debido a normativas a favor, a primas y subvenciones como el Real Decreto 436/2004, que regulaba las instalaciones en régimen especial, donde se produce un impulso a la eólica, a la solar térmica y la energía solar fotovoltaica.
Del Sol recibimos diariamente una cantidad enorme de energía en forma de radiación electromagnética de longitudes de onda visibles, ultravioleta e infrarroja, suficiente, que capturada de forma adecuada obtendríamos suficiente energía para abastecer a toda la humanidad.
La energía solar es limpia y renovable, es silenciosa, no necesita complejos mecanismos para su obtención, crea puestos de trabajo locales, no depende de fuentes energéticas de origen fósil que son importadas de otros países y cada vez más caras, no contamina, ni emite gases de efecto invernadero CO_2, SOx, etc., en su fase de uso.

La evolución de las energías renovables en España se aprecia en el gráfico de la Figura 2.6. se observa un crecimiento constante, siendo a partir de 2006, cuando crece con más intensidad.

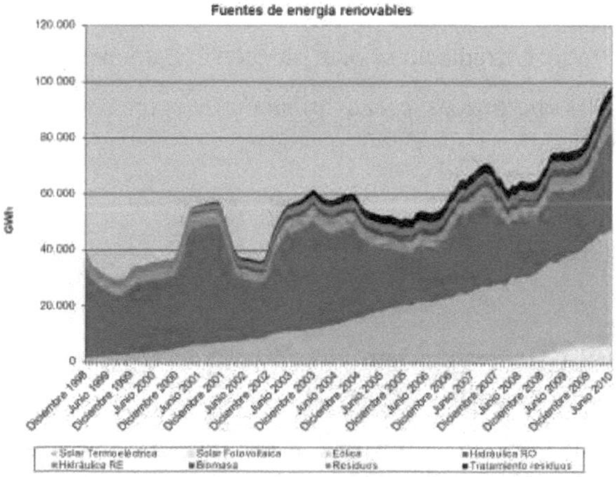

Figura 2.6.- Evolución de las energías renovables en España.

Fuente: CNE (Comisión Nacional de la Energía).

En la Figura 2.7. se ve la distribución de las diferentes fuentes de generación eléctrica que tenemos en España, renovables y no renovables, vemos que la solar fotovoltaica apenas cubre el 4,1 %.

Figura 2.7.- Distribución de fuentes de generación energía en España.

Fuente: Datos de Red Eléctrica Española y CNE.

Las energías renovables están distribuidas por todo el territorio nacional y dependiendo de su tecnología se han instalado en determinados sitios, al objeto de aprovechar el mejor recurso en cada zona.

La energía eólica se ha instalado donde hay viento, la solar fotovoltaica y termosolar donde se recibe mayor irradiación solar, la biomasa donde hay residuos leñosos, herbáceos o cultivos energéticos, esta distribución se aprecia en el mapa de la Figura 2.8.

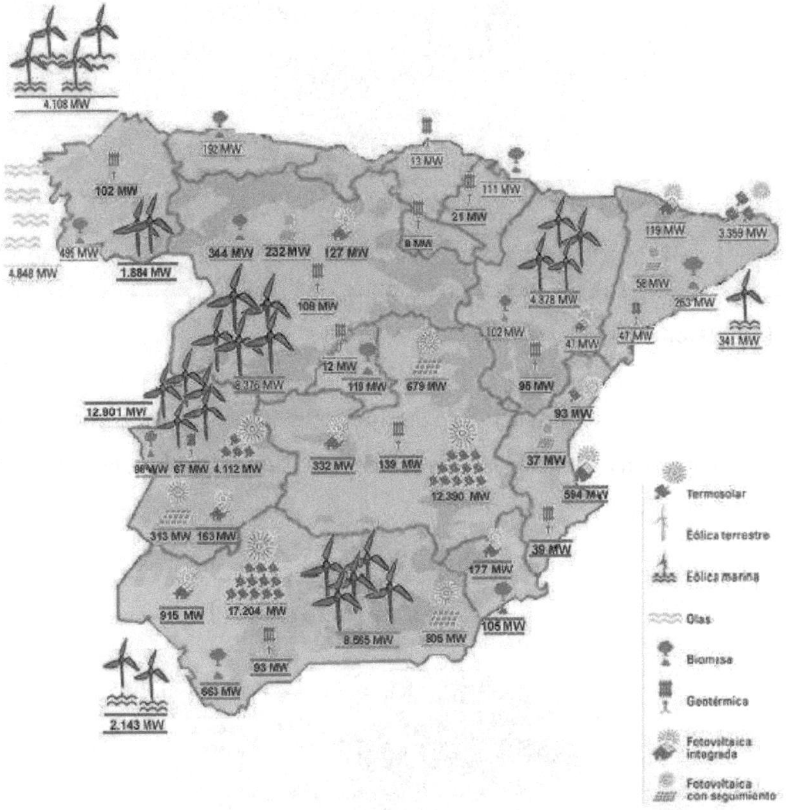

Figura 2.8.- Mapa distribución energías renovables, año 2009.

Fuente:http://desenchufados.net/es-viable-economica-y-tecnologicamente-una-espana-100-renovable-para-2050/

2.5 Futuro de las energías renovables.

En el borrador del PER (Plan de Energías Renovables 2011-2020), se vuelve a dar un impulso a las Energías Renovables en España, estableciendo los mecanismos para su desarrollo y se hace mención al transporte por carretera mediante vehículos eléctricos.

Con el avance de la tecnología se va incrementando la eficiencia de los módulos solares, de manera que cada vez, en la misma superficie obtenemos más potencia. Módulos que antes tenían entre 230 y 250 Wp, ahora tienen entre 260 y 300 Wp, dentro de unos años tendrán entre 350 y 400 Wp, con la misma superficie. Esto ayuda a que cada vez haya más aplicaciones de la energía solar fotovoltaica, y especialmente en vehículos eléctricos y/o plataformas experimentales.

En Figura 2.9. muestra las diferentes tecnologías de células solares, y su evolución en la eficiencia por tecnologías desde 1975 hasta 2008.

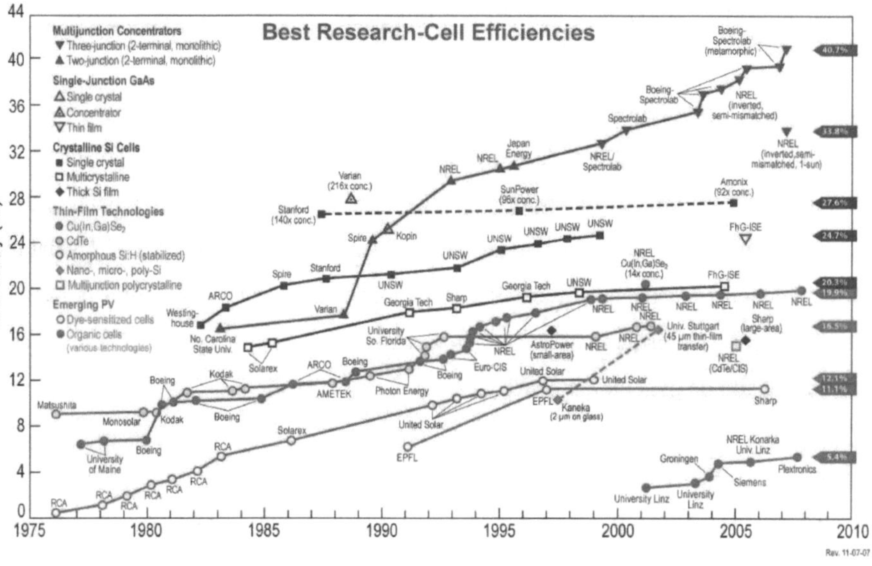

Figura 2.9.- Eficiencia de las diferentes tecnologías de módulos fotovoltaicos. Fuente: Martín Green, NREL (2010).

2.6 La importancia del vehículo eléctrico.

El Vehículo eléctrico propulsado total o parcialmente por electricidad es más que un "Automóvil", es más eficiente y más respetuoso con el medio ambiente que el resto de tecnologías de propulsión actuales, sobre todo si es abastecido con energías renovables, permite desarrollar productos de gran contenido tecnológico y con consecuencias positivas en varios sectores (automoción, energético, etc.).

2.7 Eficiencia energética de la tecnología.

El motor eléctrico es energéticamente más eficiente que el motor de combustión interna. A pesar de las mejoras introducidas en el rendimiento de estos motores en los últimos años. Si se considera el rendimiento del pozo petrolífero a la rueda (Well to Wheel), en el mejor de los casos, la tracción con motor de combustión interna tiene un rendimiento que no llega al 20% mientras que un vehículo de baterías alimentado con electricidad proveniente del mix energético actual se acerca al 30% y si la energía procede directamente de módulos solares, el rendimiento supera el 80%.

2.8 Sobre la eficiencia energética global.

El consumo de electricidad de la red ya está bastante saturado, se ve en los diferentes apagones en verano e invierno por el excesivo consumo residencial por la climatización, por cso sc hace necesario una alternativa para la recarga de las baterías de los vehículos eléctricos con energía solar fotovoltaica, sin sobrecargar la red y en aquellos lugares, lejos de una instalación energética, se hace necesario disponer de un sistema aislado de generación energética.

2.9 Sobre el efecto invernadero.

En el caso de los vehículos eléctricos, las emisiones de CO_2 procedentes de la movilidad eléctrica dependen del origen de la electricidad para la recarga de las baterías. Si esta es de origen renovable como la eólica o la solar fotovoltaica que producen menores niveles de emisiones de CO_2, se disfruta de consecuencias medioambientales más positivas.

Capítulo 3

3 Estado del arte.

3.1 Historia de los vehículos eléctricos.

En la Figura 3.10. se ve una foto del primer vehículo propulsado por energía eléctrica, aunque no es propiamente un coche, los vehículos eléctricos fueron los dueños de las carreteras antes que los vehículos de combustión interna. Ya en el siglo XIX, se desarrollaron varios modelos eléctricos de características interesantes, con el gran problema de la duración de las baterías, ya que la mayoría eran de plomo, tenían mucho peso y poca capacidad.

Figura 3.10.- Primer vehículo eléctrico creado por Ányos Jedlik en 1828.
Fuente: Página www.motorpasion.com.

Las primeras baterías recargables aparecieron antes de 1880, ahí comenzaron realmente a desarrollarse los vehículos eléctricos.

- 1831: Michael Faraday descubre el fenómeno de inducción base del funcionamiento para el motor eléctrico.
- 1832: Robert Anderson fue el primer hombre que sustituyo la fuerza animal, por el de una máquina eléctrica creada por el hombre.
- 1835: el profesor Sibrandus Stratingh de Groningen, en los Países Bajos, diseñó y construyó con la ayuda de su asistente Christopher Becker una pequeña serie de vehículos eléctricos. Thomas Davenport consiguió construir el primer vehículo eléctrico práctico. Se trataba de una pequeña locomotora.

- 1859: el físico francés Gastón Plante inventa las células de batería eléctrica recargables, basadas en celdas rellenas de una composición ácida, mejorando el hasta entonces sueño de la electrolisis.
- 1867: en la Exposición Universal de París, el inventor austriaco Franz Kavogl mostró un ciclo de dos ruedas con motor eléctrico.
- 1881: el inventor francés, Gustave Trouve hizo una demostración de un automóvil eléctrico de 3 ruedas en la exposición internacional de la electricidad en Paris.
- 1889: un fabricante belga, construye un coche de carreras eléctrico llamado La Jaláis Contente y marca un récord mundial de velocidad, alcanzando 109 Km./h. El diseño era obra de Camilla Jénatzy.
- 1895: hasta ese año, los americanos habían tenido poco que decir en este mercado, pero un triciclo eléctrico, construido por A. L. Ryker en colaboración con su colega William Morrison con capacidad para 6 pasajeros revolucionó el mercado de la época.
- 1897: en la ciudad de Nueva York se forma la Electric Carriage and Wagon Company of Philadelphia, la primera flota de taxis eléctricos.
- 1902: comienzan los primeros vehículos de cuatro ruedas a circular por los Estados Unidos de la mano del Wood´s Phaeton. El Phaeton tenía una autonomía de 30 Km y una velocidad máxima de 23 Km/h.

En 1905 Henry Ford inventó la producción en cadena mecanizada, el precio de la gasolina era bajo y económico, había muchas carreteras y la autonomía era una característica muy importante. Todo eso junto con el invento del motor de arranque en 1912, propició a que el vehículo de gasolina se impusiera al vehículo eléctrico.

La tecnología de las baterías avanzaba muy bien, el mismo Thomas Alva Edison, Figura 3.11 y Figura 3.12, puso una batería de níquel a un coche eléctrico antes de 1890 y consiguió más autonomía y prestaciones. Pero el coche de gasolina acabó ganando el pulso a los eléctricos, también a los híbridos.

Figura 3.11.- Edison junto a un Vehículo eléctrico.

Fuente: www.thomasedison.com.

Figura 3.12.- Thomas A. Edison.

Fuente: www.thomasedison.com.

3.2 Historia de las baterías.

Definiremos pilas o baterías como aquellos dispositivos que convierten energía química en energía eléctrica y la acumulan, tanto las recargables como las no recargables.

Los términos "pila" y "batería" son términos provenientes de los primeros tiempos de la electricidad, en los que se juntaban varias celdas una encima de otra "aPILAdas" o adosadas lateralmente "en BATERÍA", para así aumentar el potencial eléctrico.

3.2.1 Evolución.

La primera pila eléctrica fue la creada por Alessandro Volta en 1800, el cual envió una carta al presidente de la Royal Society londinense comunicando su invención.

En la Figura 3.13. se ve una foto de la pila de Volta, que consiste en una serie de anillos apilados en serie para aumentar la tensión, tal como se aprecia, los anillos metálicos están sujetos por ambos extremos por unos soportes aislantes y unidos por unos tornillos, para que todo el conjunto permanezca en un bloque.

Figura 3.13.- Pila de Volta

Fuente: Tema 1. Antecedentes históricos, apuntes asignatura Sistemas de Generación y Almacenamiento de Energía Eléctrica. Baterías y Acumuladores. Master Energías Renovables UPCT. Dr. Antonio J. Fernández Romero.

Los descubrimientos de Volta fueron la base de los nuevos conocimientos electrodinámicos desarrollados por Oersted, Ohm y Ampére en los años veinte del siglo XIX.

En la Figura 3.14. aparece una ilustración de la demostración donde Volta presenta a Napoleón el funcionamiento de su pila.

Figura 3.14.- Volta realiza una demostración de su pila a Napoleón. G. Bertini.

Fuente: Tema 1. Antecedentes históricos, apuntes asignatura Sistemas de Generación y Almacenamiento de Energía Eléctrica. Baterías y Acumuladores. Master Energías Renovables UPCT. Dr. Antonio J. Fernández Romero.

La segunda pila creada fue la de John Daniell, dada a conocer en 1836.

La tercera pila inventada fue la de William Robert Grove en 1839, precursora de lo que actualmente llamamos Pila de Combustible.

Su desventaja era que ocasionaba graves problemas de corrosión.

El siguiente avance significativo fue el descubrimiento en 1859 por Gastón Planté, de la batería recargable o batería secundaria.

Esta batería era de plomo y ácido, y es la batería que más se utiliza en la actualidad. Contiene de tres a seis pilas conectadas en serie, y es la que se usa en automóviles, camiones, aviones y otros vehículos.

Posteriormente Camile Fauré recubriría los electrodos de plomo con una pasta de dióxido de plomo y ácido sulfúrico para aumentar la capacidad y disminuir el tiempo de producción de los electrodos y Tudor desarrollaría placas de gran superficie de Pb puro para baterías secundarias.

- Baterías electroquímicas

Explicaremos brevemente el funcionamiento de éstas, y los dos tipos de baterías electroquímicas que existen.

Diferenciaremos entre baterías de celdas galvánicas (primarias/no recargables) y baterías de celdas electrolíticas (secundarias/recargables).

- Baterías primarias

Son aquellas baterías que no se recargan; y están formadas por celdas galvánicas.

Las reacciones químicas que se producen en este tipo de celdas provocan una energía eléctrica espontánea.

Al poner en contacto dos metales distintos que contienen diferente carga, surge una diferencia de potencial porque los electrones pasan del metal de mayor energía al de menor energía.

Intercambiarán energía hasta que se compense la diferencia de potencial y se descargue la pila.

Una vez conocidos sus componentes desarrollaremos su funcionamiento:

Faraday observó que en un electrodo se produce la reacción: $O+ze^{-}\rightarrow R$ (Reducción).

Ley de Faraday: "La cantidad de material que sufre una reacción química en un electrodo es equivalente a la cantidad de carga eléctrica que pasa por dicho electrodo".

Q=z*n'*F=n*F

Donde:

z es el número de electrones intercambiados en la reacción

n' es el número de moles de la sustancia electroactiva,

n moles totales de electrones

Q es la cantidad de electricidad (carga eléctrica)

F es el faraday, que es la carga que lleva asociada un mol de electrones

1 Faraday = carga del electrón · nº de electrones en un mol

$1\ F = 1.602 \cdot 10^{-19}\ C \cdot 6.022 \cdot 10^{23}\ mol^{-1} = 96485\ C \cdot mol^{-1}$

-Baterías secundarias

Son aquellas baterías que se pueden recargar, y están formadas por celdas electrolíticas.

Las celdas electrolíticas funcionan en su primera fase (descarga de la pila) igual que las galvánicas, sin embargo una vez que la pila está descargada cambian su funcionamiento.

La segunda fase emplea una corriente eléctrica para causar reacciones químicas (recargar la pila).

La pila había llegado a un estado de equilibrio y se había descargado, al aplicar esta nueva corriente eléctrica se vuelve a crear una diferencia de potencial que invierte el flujo de electrones de la celda, es decir, se invierte la polaridad y recarga la pila.

Los electrones siguen yendo del ánodo al cátodo pero se cambia forzadamente la función de cada metal, el que era cátodo pasará a ser ánodo (forzado continuamente a perder electrones y cargándose de forma positiva) y el que era ánodo pasará a ser cátodo (recibiendo forzadamente electrones y cargándose de forma negativa).

Esta acción es forzada ya que el ánodo y cátodo actuales no son propensos a la función que realizan; pero de esta manera se consigue recargar una pila para que pueda volver a tener un funcionamiento espontáneo como celda galvánica.

Las celdas electrolíticas poseen idénticos componentes a las galvánicas, así que únicamente explicaremos su diferente funcionamiento:

La Figura 3.15, muestra el esquema de una celda electrolítica típica donde al invertir la polaridad forzadamente aplicando una corriente eléctrica entre los electrodos, el ánodo será el COBRE y el cátodo el ZINC. Los electrones se retiran del Cu forzadamente cargando la pieza positivamente y pasando a la disolución como Cu^{++} y el Zn recibe un exceso de electrones que lo cargan negativamente y absorbe Zn^{++} de la disolución.

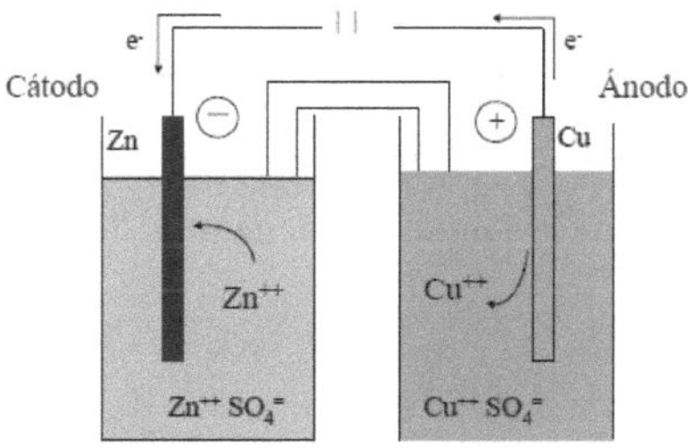

Figura 3.15.- Celda electrolítica.

Fuente: Tema 4. Equilibrio Electroquímico, apuntes asignatura Sistemas de Generación y Almacenamiento de Energía Eléctrica. Baterías y Acumuladores. Master Energías Renovables UPCT. Dr. Antonio J. Fernández Romero.

Así las semirreacciones en cada electrodo y la reacción global del sistema es:

Semirreacción de Oxidación (ánodo): $Cu_{(s)} \rightarrow Cu^{++}_{(ac)} + 2e^-$

Semirreacción de Reducción (cátodo): $Zn^{++}_{(ac)} + 2e^- \rightarrow Zn_{(s)}$

Reacción Global: $Zn^{++}_{(ac)} + Cu_{(s)} \rightarrow Zn_{(s)} + Cu^{++}_{(ac)}$

-Características generales de las baterías

Voltaje: El voltaje, tensión o diferencia de potencial, es la magnitud física que mide la fuerza electromotriz de la corriente generada y se mide en voltios (V).

Corriente: El Amperio, que mide la intensidad de corriente eléctrica. No se debe confundir con la carga eléctrica, medida en Amperios-hora (Ah), y que es la cantidad total de carga eléctrica generada por la batería durante un tiempo determinado. El Amperio hora es la intensidad de corriente eléctrica, medida en amperios, que circula por los terminales durante una hora.

Potencia: La potencia específica de la batería se mide en watios (W). Los vatios miden la cantidad total de energía eléctrica que dicha batería puede almacenar. En este sentido es importante conocer también la potencia específica másica, que es la potencia que puede almacenar por unidad de peso, así como la energía específica volumétrica, que es la energía almacenada por la batería por unidad de volumen.

Existe una relación directa entre el potencial de pila y la intensidad de corriente y la potencia de la pila, P, es decir, la velocidad de suministro de energía, viene dado por la expresión:

$$P = E \bullet I$$

A partir de ella se puede deducir que la potencia será pequeña si lo es la intensidad de corriente, *I*, aunque *E* se aproxime a su valor máximo, *Ee*· Pero además, la potencia tenderá a cero cuando la intensidad sea muy elevada, se aproxime a Imáx, ya que en este caso es el potencial al que tenderá a cero.

Observemos la Figura 3.16, en la que se representa el rendimiento de una pila, línea a trazos, y la potencia, línea continua, frente a la intensidad de la pila.

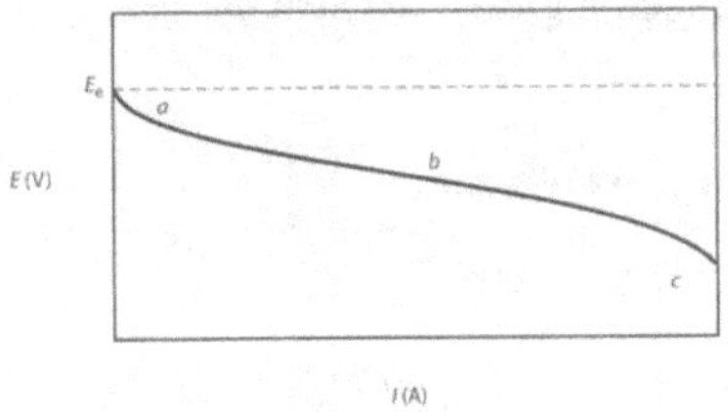

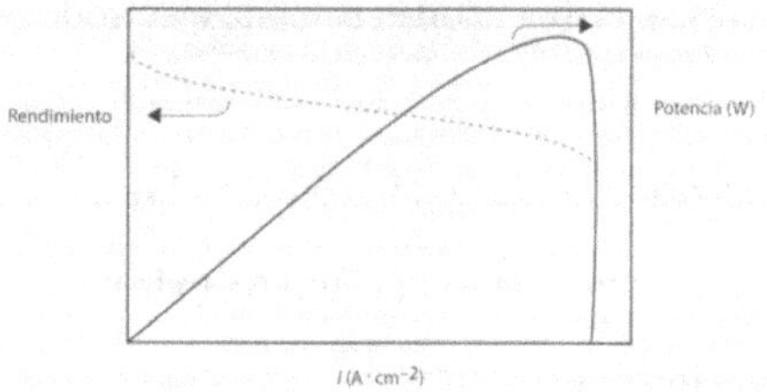

Figura 3.16.- a: relación entre el potencial de una pila y la intensidad de corriente generada y b: variación del rendimiento y de la potencia de una pila con respecto a la densidad de corriente.

Fuente: Polímeros conductores. Pág.100 y 101. J.Padilla, R.García, A. Jesús y A.Urbina.

El rendimiento es máximo cuando la potencia es nula. Al aumentar la densidad de corriente, la potencia obtenida aumenta, pero el rendimiento disminuye, y esto hace que se tenga que estudiar una relación de compromiso, según el parámetro que más interese: un mayor rendimiento o una potencia mayor.

A continuación se definirán algunos de los parámetros que se utilizarán en las siguientes secciones de este capítulo:

Capacidad (C): es la carga eléctrica total que puede suministrar una batería. Se puede expresar mediante la siguiente expresión:

$$C = \int I \bullet dt$$

Se mide en unidades de amperios hora, Ah, aunque también se expresa referida a la unidad de masa, en $C.kg^{-1}$ o $Ah.kg^{-1}$, y en este caso se denomina capacidad específica o densidad de carga eléctrica.

Energía de una pila: es la cantidad total de energía que puede extraerse de una; pila. Depende del potencial y de la intensidad de corriente, pues ambos cambian de valor a lo largo de la descarga de la pila.

$$Energía = \int E(t) \bullet I(t)dt$$

Se suele expresar en kWh. Si se divide esta energía por el peso total de la pila, se obtiene la llamada energía específica, que se expresa en $kWh.kg^{-1}$.

En resumen, algunas de las propiedades que una batería debe tener para ser utilizada en una aplicación práctica real son las siguientes:

a) Un voltaje lo más alto posible y con un mínimo de sobrepotencial.

b) Durante la descarga, este voltaje se ha de mantener constante.

c) Debe poseer una alta capacidad y energía específicas.

d) Durante su almacenamiento debe mantenerse cargada, sin experimentar autodescarga.

e) Su respuesta a la descarga debe ser rápida.

f) Alto rendimiento farádico de la reacción de descarga.

g) Mínimo coste de componentes, manejabilidad y diseño de la batería.

h) Operar en un amplio intervalo de temperaturas.

i) Además, en baterías recargables, las reacciones secundarias durante la recarga deben ser mínimas y deben poseer un alto número de ciclos de carga y descarga.

Ciclos de vida: Por último, pero no menos importante, están los ciclos de vida, que representan el número de veces que las baterías secundarias pueden ser recargadas.

En la Figura 3.17, se aprecia las características de algunas baterías para vehículos eléctricos, se comparan las principales características de las Plomo-ácido, Ni-MH y Ión-Litio.

El éxito de los coches eléctricos depende a fin de cuentas de la existencia de baterías baratas, de gran capacidad, fiables y de larga vida.

TABLA 2: CARACTERÍSTICAS DE ALGUNAS BATERÍAS SUSCEPTIBLES DE SER UTILIZADAS EN VEHÍCULOS ELÉCTRICOS O HÍBRIDOS

	Plomo-ácido	Ni-MH	Ion-litio
Densidad energética	Baja (25 Wh/kg)	Moderada (35-55 Wh(kg)	Alta (80-120 Wh/kg)
Coste	Bajo		Alto
Aplicaciones	Gran escala, potencia de arranque, estacionarias	Portátiles y de gran escala.	Portátiles y posiblemente de gran escala
Ciclo de vida*	200-300 (estancas)	300-500	300-500
Toxicidad	El plomo y los ácidos son tóxicos	El Níquel es tóxico	El cobalto es tóxico, aunque se puede reemplazar por hierro, fósforo o manganeso
Impacto ambiental	Es necesario el reciclaje del plomo, que tiene una eficiencia del 95%	El níquel tiene una extracción difícil e insostenible, y aunque no es raro, sus reservas son limitadas. Es reciclable	La química del litio es relativamente sostenible, es abundante aunque tiene que ser mejorada. El reciclaje es posible pero con un coste extra de energía

Figura 3.17.- Características de algunas baterías susceptibles de ser utilizadas en vehículos eléctricos o híbridos, como las de Plomo-ácido, Ni-MH y Ión-Litio. Fuente: Jantzen M. Dawning a new age. Photon International 9/2008.

En la Figura 3.18, se realiza una comparativa entre un vehículo convencional térmico y otro de baterías, se aprecia que el motor térmico tiene la limitación de Carnot, por lo tanto su eficiencia es muy baja, comparada con las baterías, en estas no hay limitaciones, excepto las propias de las reacciones electroquímicas.

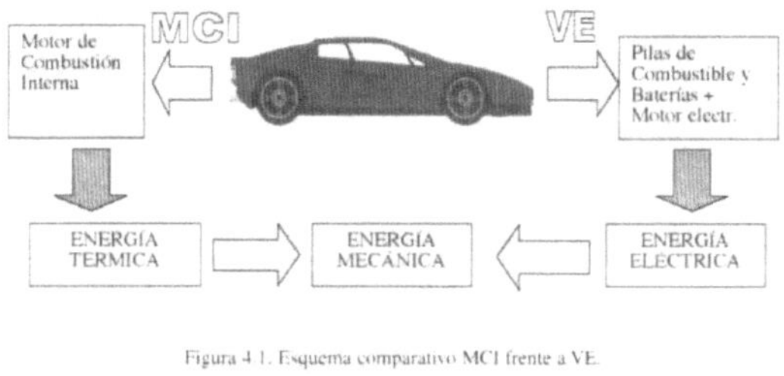

Figura 3.18.- Esquema comparativo MCI frente a VE.

Fuente: Tema 5. Motores Térmicos frente a Baterías, apuntes asignatura Sistemas de Generación y Almacenamiento de Energía Eléctrica. Baterías y Acumuladores. Master Energías Renovables UPCT. Dr. Antonio J. Fernández Romero.

Entre las principales ventajas del uso de baterías en vehículos podemos destacar:

El rendimiento es propio de cada convertidor electroquímico.

Las diferentes tecnologías de baterías que se utilizan en los vehículos eléctricos son: Niquel-metal hidruro, Cloruro niquel-sodio, Ion litio, Ion litio polímero, Super Caps, Niquel cadmio, Plomo, Nuevas tecnologías para baterías, Baterías de Flujo Redox, Pilasde H2, Baterías de Polímero Conductor.

En la Figura 3.19 y Figura 3.20, se representan las comparativas de las diferentes tecnologías de baterías.

Comparativa de tecnologias de bateria

	Plomo	NiCd	NiMH	Li-Ion	Li-Ion-Polimero	Na-NiCl – »Zebra«
energía especifica (Wh/kg)	25 – 45	50 – 70	50 – 70	100 – 140	110 – 150	90 – 120
energía teóricamente posible (Wh/kg)	175	240	300	> 450	> 450	788
Densidad de potencia (W/kg)	50 - 100	150 - 200	100 - 200	100 - 200	120 - 200	200
Tensión de celda (V)	2,00	1,25	1,25	3,60	3,60	2,58
Vida útil en ciclos (80% capacidad)	200 - 2.000	1.000 - 2.000	1.000 - 2.000	1.000 y más	500	1.000 - 2.500
Carga rápida (h)	6 - 8	2 - 4	1	2 - 4	2 - 4	6 - 8
Autodescarga (%/mes)	5	20	30	5 - 10	5 - 10	100
Ámbito de temperaturas	-20 – 60 °C	-40 – 60 °C	-20 – 60 °C	-20 – 60 °C	0 – 60 °C	270 – 350 °C
Ventajas y desventajas	Alto peso con baja densidad de potencia, descomposición química en manipulación incorrecta.	Alto peso en relación con la potencia, efecto memoria, contiene sustancias tóxicas.	Bajo peso en comparación con la potencia, vida útil limitada.	Difícil fabricación, precio elevado.	Difícil fabricación, precio elevado.	Las baterías de cloruro de níquel-sodio de níquel de alta temperatura deben mantenerse muy calientes, si no se destruyen.
Ámbitos de aplicación	Las baterias de plomo destacan por permitir la extracción de una gran intensidad en muy poco tiempo. Adecuada como batería de arranque en automóviles.	Juguetes, teléfonos móviles.	Baterías recargables, ordenadores portátiles antiguos, teléfonos móviles, coches híbridos, coches eléctricos.	Ordenadores portátiles, electrónica ligera, próxima generación de coches híbridos.	Teléfonos móviles y baterías de reserva.	Submarinos, barcos, coches eléctricos.

Fuentes: ZSW; Energiekompendium 2.0 2008; www.sat-akku.ch; Gespeicherte Energie, Berndt,D.; Euler, K.J

Figura 3.19.- Comparativa de tecnologías de baterías.

Fuente: Jantzen M. Dawning a new age. Photon International, 9/2008.

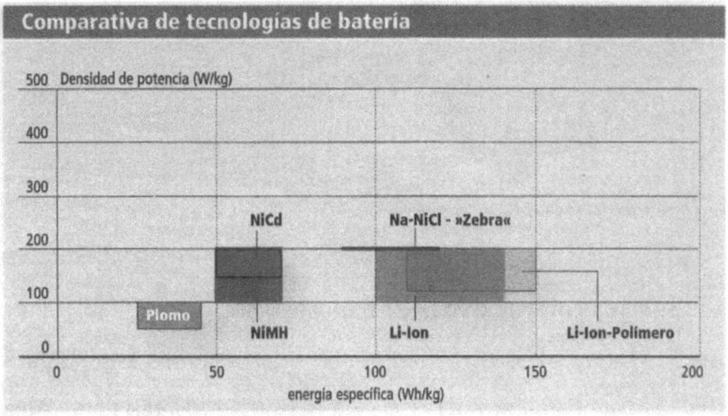

Figura 3.20.- Comparativa de tecnologías de baterías.

Fuente: Jantzen M. Dawning a new age. Photon International, 9/2008.

En la Figura 3.21, se aprecia la comparativa de la densidad de potencia en W/kg y energía específica Wh/kg, de las diferentes tecnologías de baterías

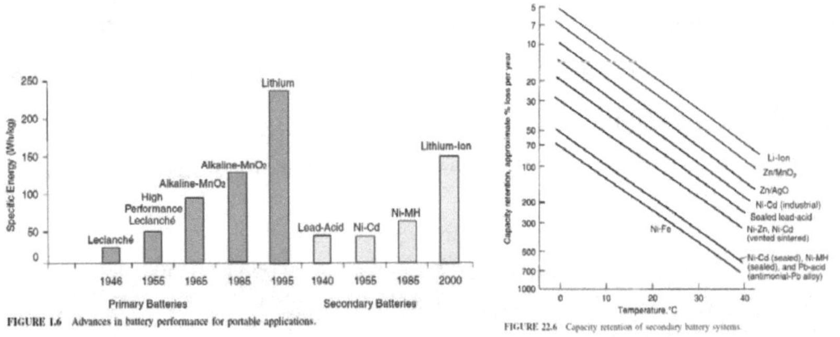

Figura 3.21.- Avances en baterías para aplicaciones portátiles y capacidad de retención en sistemas de baterías secundarias.

Fuente: Tema 8. Tipos de Pilas, Secundarias, apuntes asignatura Sistemas de Generación y Almacenamiento de Energía Eléctrica. Baterías y Acumuladores. Master Energías Renovables UPCT. Dr. Antonio J. Fernández Romero.

Para vehículos eléctricos es importante elegir un tipo de batería que tenga mejor retención de carga, que tenga un buen índice de kW/Kg, de coste inicial bajo, número de ciclos de carga y descarga altos, larga vida, coste del kW/h suministrado bajo, mantenimiento nulo o bajo, coste del cargador bajo, reducido volumen y peso.

3.3 Estado del arte de los vehículos eléctricos autónomos.

3.3.1 Vehículos robot autónomos estándar.

3.3.1.1 Microbot PICBOT-3.

El PICBOT-3, la Figura 3.22. se ve una foto del mismo, es un kit básico desmontado que consta de armadura física, tracción a dos ruedas, tarjeta de control y una serie de sensores y actuadores incorporados de serie. A todo ello se le puede añadir, opcionalmente, un conjunto de sensores y periféricos de ampliación que permite aumentar sus prestaciones. Estos dispositivos se pueden adquirir por separado según las necesidades del usuario. La alimentación se consigue mediante un fuente externa de alimentación de 9-15VCC (p.e FANORU) o un pack de 8 baterías de 1.5V que hacen del PICBOT-3 un robot totalmente autónomo. No están incluidas, se adquieren por separado.

Figura 3.22.- Microbot PICBOT-3

Fuente: Microsystems Engineering (Ingeniería de Microsistemas Programados, S.L.).

Estructura: Se trata de una estructura de metacrilato tipo torre con tres plantas. En la primera se alojan los motores, sus drivers, los sensores de posición, los de detección de obstáculos y los packs de baterías. La segunda planta está destinada a alojar el sensor de sonido así como diferentes módulos opcionales de ampliación. En la tercera y última planta se instala la tarjeta de control y el sensor de luz. Opcionalmente también aloja el medidor ultrasónico de distancias (sonar).

- Incluye las tres plantas debidamente mecanizadas, el panel frontal, soportes para los motores, cintas adhesivas de fijación, separadores y tornillería.
- Sus dimensiones son: 18 cm de largo, 11 cm de ancho y 13 cm de alto (motores y tarjeta de control incluido).
- Peso máximo aproximado 750 gr sin baterías. El peso puede variar en función del número y tipo de accesorios instalados.

Tracción: El sistema de tracción que hace posible los movimientos del PICBOT-3 consta de los siguientes elementos:

- 2 moto reductores de C.C. formados a partir de los servomotores FUTABA FP S3003, debidamente modificados. Controlando la activación/desactivación de los mismos, así como su sentido de giro, se producen los distintos movimientos del robot (adelante, atrás, giros, etc.).
- 2 Ruedas de PVC de 44mm de diámetro. Sobre una de ellas se practica una serie de radios que, a modo de encoder, permite conocer el desplazamiento del robot.
- Rueda trasera de giro libre.
- Tornillos y tuercas de fijación.

Tarjeta de control: Se trata de la tarjeta MSEF87X e incorpora de serie el microcontrolador PIC16F876 con el programa monitor PICMOS'76. Comunica con el PC mediante el software Real_PIC a través del cual se realizan, entre otras, las operaciones de edición del programa de aplicación, ensamblado del mismo y volcado sobre el microcontrolador, todo ello en un agradable e intuitivo entorno de trabajo bajo Windows.

Incorporaciones de serie: A continuación se describen los sensores y actuadores que incorpora de serie el PICBOT-3:

- 2 sensores electromecánicos o bumpers frontales que detectan la colisión con un objeto.
- 1 sensor IR de reflexión modelo MSE-S110.2 capaz de seguir y controlar la trayectoria del robot mediante una línea negra sobre el suelo.

- 1 sensor IR de reflexión modelo MSE-S110.1 que se coloca frente a una de las ruedas por la cara interna. Este sensor detecta los radios que, a modo de encoder, pasan frente al mismo, con lo que es posible conocer o controlar el desplazamiento que está realizando PICBOT-3.
- 1 sensor de sonido modelo MSE-S100 que genera una señal eléctrica para su posterior tratamiento, cada vez que se detecta un sonido. La sensibilidad del sensor es ajustable.
- 1 sensor de luz ambiente modelo MSE-S130. Este sensor genera una señal analógica/digital que, tras su correspondiente tratamiento, permite medir la luz existente en el entorno del PICBOT-3.
- 1 driver modelo MSE-A100. Este driver se emplea para activar/desactivar los dos motores de tracción así como controlar el sentido de giro de los mismos.
- Todo lo anterior va acompañado de un completo manual de instrucciones y montaje así como un disco de prácticas con el software Real_PIC para PC y ejemplos de aplicación.

Ingeniería de Microsistemas Programados S.L. propone una serie de dispositivos que permiten ampliar y potenciar las prestaciones del PICBOT-3. Estos dispositivos se pueden adquirir por separado según las necesidades del usuario:

- PIC16F877 con el programa monitor PICMOS'77. Este nuevo microcontrolador admite programas de aplicación de hasta 4K y dispone de 33 líneas de E/S de propósito general.
- Tarjeta de memoria Memory Card que permite guardar y recuperar diferentes programas y tareas a realizar por el robot. De esta forma el PICBOT-3 es totalmente autónomo e independiente del PC, ya que se puede reprogramar mediante el empleo de estas tarjetas en las que previamente se han almacenado las diferentes tareas.
- Sensores IR de detección modelo MSE-S135. Estos sensores permiten la detección de obstáculos sin llegar a colisionar con los mismos. Ingeniería de Microsistemas Programados S.L. propone el empleo de 4 de estos sensores: 2 frontales (sustituyendo a los bumpers electromecánicos) y 2 traseros.

- 1 Driver modelo MSE-A100. Este segundo driver permite accionar diferentes dispositivos. Ingeniería de Microsistemas Programados S.L. propone el control de dos lámparas frontales que iluminen el entorno del robot y un zumbador piezo eléctrico que emita señales sonoras en determinadas condiciones.
- 1 medidor ultrasónico de distancias modelo SRF08. Este dispositivo es capaz de medir, a modo de sonar, la distancia entre el robot y un objeto. Con dicha medida el robot podrá tomar las decisiones oportunas.
- 1 compás o brújula electrónica modelo CMPS03. Este módulo es capaz de informar la posición o rumbo del robot respecto al norte magnético terrestre. Se obtiene así un total control de la trayectoria del PICBOT-3.
- Tarjeta de prototipos F87XPLUS. Esta tarjeta se conecta directamente con la tarjeta de control MSEF87X y permite añadir nuevos circuitos de prueba o prototipos.
- Módulo protoboard BOARDMB3 de 75 x 50. Este accesorio encaja sobre la tarjeta de prototipos F87XPLUS y permite el montaje de circuitos sin soldadura.
- Pantalla LCD de 2x16 caracteres. Esta pantalla se monta sobre el módulo protoboard BOARDMB3 y la tarjeta de prototipos F87XPLUS. Con ella y, con el software adecuado, es posible visualizar el estado de los sensores del robot, las distancias medidas, el rumbo, etc.

Cámara de vídeo con modulador de radio frecuencia que permite recibir en un TV convencional la imagen captada por el robot. Disponibles en diferentes versiones (b/n, color, canal 12 y canal 22 de TV).

3.3.1.2 Robot móvil multifuncionar SR1

El SR1 es un robot multifuncional de desarrollo y aprendizaje dirigido a aquellos entusiastas y aficionados a la robótica que quieren aprender y profundizar en la construcción real de robots móviles de experimentación. Tanto si es un recién llegado al mundo de la robótica, como si es un aficionado experto, encontrará que el robot SR1 es la plataforma idónea donde hacer todo tipos de proyectos desde un simple guiado por colisión, hasta un avanzado robot radio controlado con sistema de telemetría y capaz de enviar audio, vídeo y datos de forma inalámbrica de la misma forma que lo haría un robot como los que se mandan a explorar el espacio.

El robot SR1, Figura 3.23. cuenta con un chasis lo suficientemente robusto para proteger todos los componentes mecánicos y electrónicos del robots mientras se desplaza en cualquier entorno interior. El chasis admite ampliaciones como plataformas de carga, techos con sensores, motores dc, ruedas de sumo, etc.

El resultado es un robot compacto, robusto y duradero que destaca por sus múltiples y avanzadas posibilidades, su versatilidad y su gran cantidad de accesorios que incluyen ruedas todo terreno, torreta móvil, cámara inalámbrica, radio módem, etc.

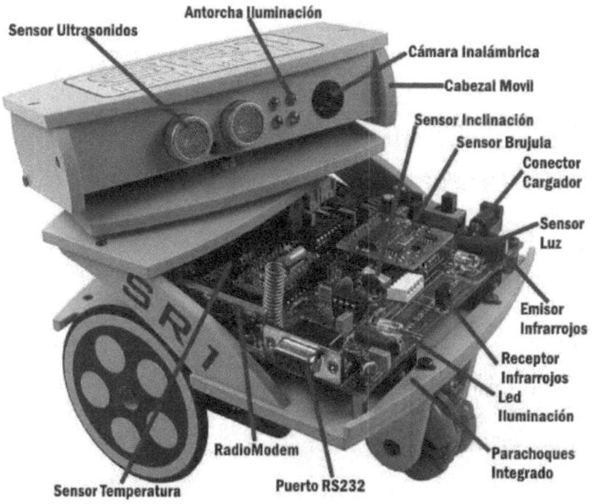

Figura 3.23.- Robot SR1, versión completa.

Fuente: Superrobotica.com.

Hardware: Normalmente este tipo de robot solo permiten hacer pequeños montajes electrónicos de “mírame pero no me toques” ya que emplean placas de montaje de prototipo para ello, lo que significa que en el momento que el robot toca o se engancha con algún objeto se provocan averías y cortocircuitos.

El Robot SR1, Figura 3.24. por el contrario este diseñado para que pueda desenvolverse de forma autónoma y segura en cualquier tipo de entorno interior como el hogar, la escuela o la oficina, siendo capaz de eludir y superar los obstáculos y trampas, como muebles, cables, patas, rincones, etc., que encuentra a su paso gracias a su gran cantidad de sensores entre los que destacan:

- 2 Sensores de contacto.
- 1 Sensor de inclinación
- 2 Sensores de luz.
- 1 Sensor de infrarrojos modulados
- 1 Sensor de distancia pos ultrasonido + 1 sensor de luz central
- 1 Sensor de temperatura digital
- 1 Sensor brújula digital

Entre los dispositivos de salida del robot SR1 se encuentran:

- 1 Zumbador piezoeléctrico.
- 2 Emisores de infrarrojos.
- 2 Diodos led de alta potencia
- 2 Leds rojo y verde de señalización.
- 4 Conexiones para servomotores
- 1 Controlador para 2 motores de corriente continua.
- 1 Puerto serie RS232.
- 1 Radio Módem inalámbrico
- 1 Conector para periféricos.
- 1 Alimentación Auxiliar.

Figura 3.24.- Tarjeta de control basada en BasicX.

Fuente: Superrobotica.com

Software: Además del hardware, el Robot SR1 viene acompañado por un completo juego de programas y ejemplos que le enseñan poco a poco a programar y sacar partido al SR1. Los programas están escritos en BasicX y vienen completamente comentados, de forma que cualquiera pueda entender como funcionan y modificarlos y utilizarlos para hacer sus propios programas.

3.3.1.3 Vehículo submarino autónomo AQUA2

El robot bajo el agua AQUA2 es un vehículo submarino autónomo (AUV), ver Figura 3.25., que utiliza seis aletas controlados de forma independiente para ofrecer una plataforma altamente maniobrable sensor bajo el agua. Este vehículo extremadamente ligero y portátil ofrece a los investigadores una plataforma ideal para proyectos de investigación que van desde el monitoreo de arrecifes de la acuicultura de inspección.

El AQUA2 utiliza seis aletas controlados de forma independiente para propulsarse a través del medio subacuático. Este sistema de propulsión hace que este vehículo sea altamente maniobrable, que a diferencia de los diseños propulsor tradicional, no representa ningún peligro para los seres humanos o la vida marina y pueden aterrizar o despegar con un impacto mínimo.

AQUA2 está diseñado específicamente como una plataforma de investigación, para proyectos que van desde el monitoreo de arrecifes de la acuicultura de inspección.

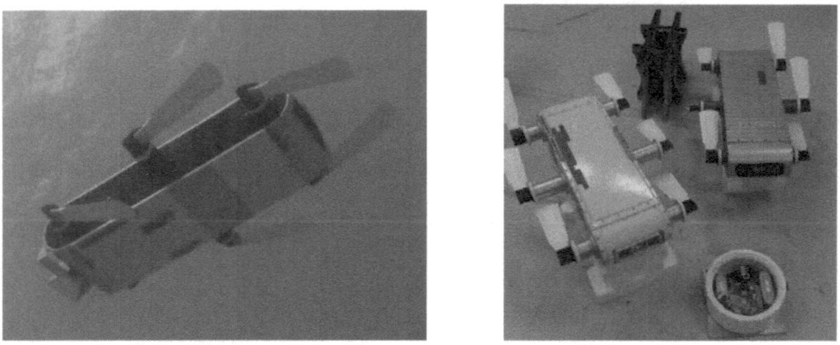

Figura 3.25.- Robot AQUA2 vehículo anfibio autónomo.

Fuente:http://www.designboom.com/weblog/cat/16/view/10777/aqua2-underwater-robot.html.

- Implementar el robot sin necesidad de buques de apoyo.
- El robot ha sido probado a una profundidad de 36,5 metros (120 pies), y tiene una autonomía prevista de 30 metros (100 pies) desde la costa o la base de lanzamiento de otros.
- Recopilar datos de cámaras de a bordo, sensores inerciales y el medio ambiente, la zona de rompientes, o incluso el océano abierto.
- Tele-AQUA2 operar desde la comodidad de la costa, tienen que funcionar de forma autónoma, o con un buzo.

Los componentes del vehículo y Opciones son:

AQUA2 Cuerpo - robot de seis patas anfibios tasados para funcionar a 30 metros. Incluye un ordenador de control a bordo y los componentes del controlador del motor con el software de generación de la marcha.

AQUA2 sistema de visión - En segundo lugar en la placa PC104 + procesador y el software adecuado para la adquisición de imágenes y de vídeo y las tareas de cálculo intensivo como la visión estéreo a bordo y la localización objetivo visual. El subsistema de visión se basa en el sistema operativo Linux.

AQUA2 frontal y módulos de cámara trasera - Uno o dos delanteros o traseros montados cámaras digitales aptos para la navegación, adquisición de datos o la reconstrucción estéreo del medio ambiente local. AQUA2 Battery Pack - paquete de rápido reemplazo de la batería para el vehículo. Tenga en cuenta que el vehículo que normalmente requiere de dos baterías para su funcionamiento y proporcionar aproximadamente 5 horas de tiempo de funcionamiento.

Opciones adicionales - Software sistema de piloto automático. Almacenamiento de imágenes y la manipulación. Ata blindados y ligeros. Portátil robusto con una interfaz de control del operador. Video remoto unidad de almacenamiento. De fibra óptica Ethernet del router y el hub.

3.3.1.4 Mobile Robot Pioneer 3-AT.

El Pioneer 3-AT, Figura 3.26, es una plataforma muy versátil de cuatro ruedas robótica, software compatible con todos los robots MobileRobots. Potente y fácil de usar fiable y flexible.

Figura 3.26.- Robot Pioneer 3-AT

Fuente: http://www.mobilerobots.com/ResearchRobots/P3AT.aspx.

P3-AT ofrece una opción de ordenador incorporado, abriendo el camino para el procesamiento de la visión de a bordo, las comunicaciones basadas en Ethernet, láser, DGPS, y otras funciones autónomas. El P3-AT puede transportar hasta 3 baterías intercambiables en caliente. Opcional 8 marchas adelante y 8 atrás, los obstáculos son detectados por un sonar desde 15 cm hasta 7 m. P3-AT tiene potentes motores y cuatro ruedas de tacos, que puede alcanzar una velocidad de 0.8 metros por segundo y llevar una carga útil de hasta 12 kg. El P3-AT utiliza 100 codificadores con corrección inercial recomendado para el cómputo muerto para compensar la dirección deslizante.

Su detección se extiende mucho más allá de lo ordinario con opciones de navegación basada en el láser, la corrección inercial integrado para compensar el deslizamiento,

GPS, parachoques, pinzas, la visión, telémetros estéreo, una brújula y un conjunto de rápido crecimiento de otras opciones, ver Figura 3.27.

Figura 3.27.- Ejemplo de navegación con GPS del robot Pioneer 3-AT
Fuente: http://www.mobilerobots.com/ResearchRobots/P3AT.aspx.

La base del robot con el incluido Pioneer SDK más opcional PC a bordo de la unidad puede controlarse con las teclas, joystick inalámbrico o conexión o software de toda la plataforma de control de velocidad, estado del robot y comunicar la información de control como (x, y, theta) estimación de la posición, el usuario de E / S , y los datos de carga de la batería, ejecutar programas creados con ARIA u otro entorno de desarrollo de software, simulación en línea con el simulador que acompaña a cada entorno de desarrollo, y mucho más.

Con el láser de cartografía y navegación, el robot puede asignar almacenes, hangares, los espacios de laboratorio, cualquier otro espacio interior en cuestión de minutos, localizar con precisión en el mapa el espacio interior conocido, de manera autónoma navegar por la planificación y el seguimiento a los objetivos de las rutas dinámicas y evitar los obstáculos en el camino.

Con PC a bordo y navegación al aire libre , el robot también puede navegar tanto en interiores o al aire libre, dentro y fuera del mapa, localizar con precisión en un mapa o bien el espacio interior o al aire libre conocido a partir de datos DGPS; autónoma plan de rutas dinámica con los objetivos, evitando los obstáculos en el camino.

3.3.1.5 Robot quadrapod caminante.

El Quadrapod de la Figura 3.28, es un robot andante de 4 patas con 8 servos que le proporcionan una capacidad de movimiento sin precedentes. Este robot es un paso intermedio entre el hexapod I y II, ya que usa la misma estructura que el hexapod II, pero con dos patas menos, reduciendo su coste y facilitando su montaje.

El robot puede andar en cualquier dirección y llevar una carga de más de 650 gramos. Este robot es una excelente plataforma de investigación robótica además de ser el mejor cuatro patas del mercado. El robot incluye toda la mecánica y los 8 servos.

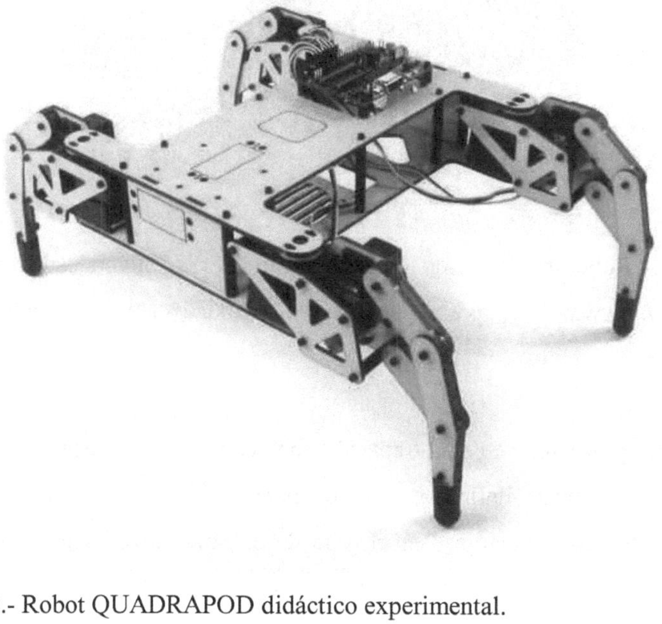

Figura 3.28.- Robot QUADRAPOD didáctico experimental.

Fuente: http://www.superrobotica.com/S300160.htm.

3.3.1.6 Robot de investigación GOLIAT.

Un equipo de científicos de la Universidad Carlos III de Madrid ha desarrollado un robot, llamado Goliat, Figura 3.29, por su gran tamaño, que cuenta con un modelo de navegación integrado que le permite desplazarse por el camino más adecuado de manera autónoma.

Este nuevo sistema, que permite la creación de mapas tridimensionales en tiempo real gracias a un láser, una brújula y un navegador GPS, proporciona al robot la suficiente independencia como para desplazarse en entornos exteriores.

Figura 3.29.- Robot investigación Goliat, realizado por la Universidad Carlos III. Fuente:http://www.uc3m.es/portal/page/portal/actualidad_cientifica/noticias/navegacion_autonoma_vehiculos.

En anteriores proyectos se había trabajado con sistemas de navegación en entornos con obstáculos bien definidos, como paredes, suelos planos y escollos bidimensionales. Sin embargo, "en el caso de entornos exteriores se complica un poco más, ya que el terreno no es plano, presenta rugosidades y los obstáculos no suelen estar formados por líneas rectas", comenta Cristina Castejón, coautora del estudio publicado recientemente en la revista "IEEE transactions on systems man and cybernetics part A-Systems and humans".

Este nuevo sistema proporciona al robot la suficiente independencia como para desplazarse en entornos exteriores. Según Castejón, del grupo de Investigación Avanzada en Síntesis, Análisis, Modelado y Simulación de Máquinas y Mecanismos (MAQLAB) y colaboradora externa del robotics lab, ambos grupos de la Universidad Carlos III de Madrid, "el propio robot es capaz de determinar qué camino es más seguro para él". Esta habilidad resulta especialmente interesante en tareas de exploración de terrenos complicados.

Como comenta la investigadora, "la nueva técnica permite la construcción de mapas de navegación en tiempo real, además de ser capaz de crear modelos en entornos interiores complejos, con alta densidad de obstáculos".

"GOLIAT", Grande, simple y seguro.

Este sistema de construcción de mapas locales se basa en el Diagrama de Voronoi, una herramienta matemática que permite descomponer el entorno en regiones de pertenencia en función de la distancia a determinados objetos. De este modo, "las fronteras de las regiones, denominadas bordes de Voronoi, nos marcan el camino de máxima seguridad para el robot", explica Cristina Castejón, una de las investigadoras que firma el estudio.

"Goliat" está dotado únicamente de una brújula, un láser y un navegador GPS. La brújula y el láser permiten obtener mapas locales, mientras que el GPS es capaz de crear mapas globales desde un punto de referencia fijo.

3.4 Estado del arte de los vehículos autónomos solares.

3.4.1 Robot para exploraciones polares Robot Cool.

El Robot Cool dispone de cuatro ruedas motrices, Figura 3.30, fotografía tomada en Ross Ice Shelf, en la Antártida. Es un vehículo autónomo con energía solar diseñado para apoyar las campañas científicas de verano en la Antártida y Groenlandia. Se Desplegó el robot en la Cumbre de Camp, Groenlandia, durante el año 2005 se puso en marcha para verificar la energía consumida y para evaluar su sistema de control. El robot de 61 kg, obtuvo una velocidad media de 0,78 m/s, en la nieve blanda, el consumo de 160Wh, de media, permite ser abastecido con energía solar estando el cielo despejado cuando la elevación del sol sobrepasa los 16º.

El sistema de control de potencia es fiable. Un simple algoritmo siguiente waypoint GPS proporciona navegación autónoma fiable durante períodos de 5 - 8 horas.

Los datos validan el modelo de diseño e indican que el robot cool superará su objetivo de diseño de transportar una carga útil de 15 kg, 500 kilometros, en dos semanas en la meseta antártica [11], [12] y [13].

Figura 3.30.- Robot cool.

Fuente: Foto del Ross Ice Shelf, en la Antártida.

Lleva un chasis 4WD con cinco paneles solares de 54 celdas. Las dimensiones aproximadas son 1,2 x 1,2x1 metro de altura.

3.4.2 Vehículo submarino autónomo solar SAUV II.

El SAUV II [14] es un vehículo submarino autónomo de energía solar capaz de operar en la superficie o en profundidades de hasta 500 metros. El vehículo está equipado con baterías de iones de litio recargables para permitir una larga autonomía para largas misiones, incluso en condiciones donde la radiación solar sea reducida, en la Figura 3.31, se aprecia una fotografía del submarino.

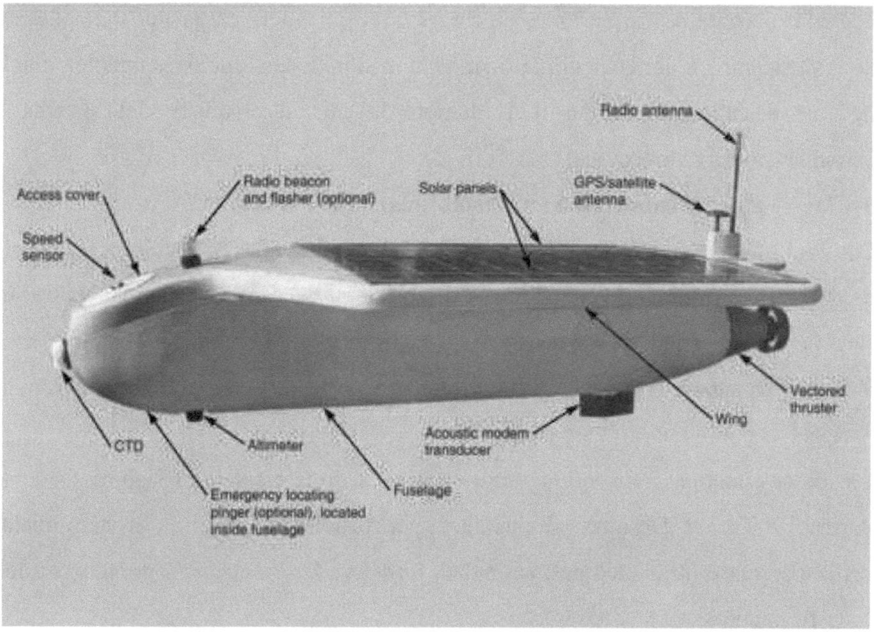

Figura 3.31.- Solar Powered Autonomous Underwater Vehicle, Long-Endurance. Fuente:http://www.uc3m.es/portal/page/portal/actualidad_cientifica/noticias/navegacion_autonoma_vehiculos.

Una hélice de un solo vectorizado proporciona posición tridimensional, de control de altitud, sin la necesidad de propulsores adicionales o superficies móviles activos. El sistema de propulsión eficiente-controlador permite velocidades elevadas en el agua hasta de dos nudos. La velocidad superficial depende de las condiciones del mar y del ambiente. El SAUV II viene con un altímetro acústico, sensor de presión para la profundidad y la altura fuera de control inferior.

Utiliza un GPS para el control de la posición en la superficie, la posición bajo el agua se mantiene por estimación o con el uso de giro a medida suministrada o instrumentación Doppler. Bi-direccional de control de programa de vehículos y de adquisición de datos en tiempo real se lleva a cabo a través de la comunicación de RF integrado o a través del enlace vía satélite opcional o módems acústicos.

Su funcionamiento es sencillo, intuitivo mediante Windows ®, la interfaz de operador permite descargar antes de cargar el despliegue y cargar los datos después de la recuperación del vehículo al final de la misión. Estas funciones también pueden llevarse a cabo en tiempo real, durante la misión a través del sistema de comunicaciones bidireccional.

3.4.3 Vehículo submarino autónomo solar Wave Gliders.

Los Wave Gliders [15] (literalmente "planeadores de ondas"), Figura 3.32, constan de dos partes sin ningún tipo de motor. La primera, del tamaño de una tabla de surf, flotan en la superficie de los océanos. La segunda está bajo el agua y está conectada al elemento superior por medio de un cable. Consta de seis pares de alas móviles accionadas por el movimiento de las olas.

Los drones también transportan varios instrumentos de medición (Seabird, Datawell, Airmar y Turner Design), alimentados por paneles solares. Estas herramientas realizaban entre otras medidas: salinidad, turbidez, fluorescencia y oxígeno disuelto cada 10 minutos

Figura 3.32.- Wave Glider the Liquid Robotics.

Fuente:http://www.uc3m.es/portal/page/portal/actualidad_cientifica/noticias/navegacion_autonoma_vehiculos.

El viento no es la única fuerza capaz de propulsar estas máquinas. Una empresa estadounidense, Liquid Robotics, ha construido cuatro robots que pueden moverse a través del movimiento de las olas. Estos drones no tripulados habían comenzado un viaje hacia el Pacífico, desde San Francisco el 17 de noviembre. Llegaron el 13 de marzo de 2012 a la isla principal de Hawai, viajando 5.926 kilómetros, sin intervención externa. Este es un nuevo récord mundial superando el anterior de 1296 km. Su viaje no ha sido fácil porque tuvieron que afrontar tormentas, con olas de 8 metros de altura y las fuertes corrientes del océano.

3.4.4 Embarcación solar PlanetSolar.

La energía del Planetsolar [16], Figura 3.33, contiene su cubierta 536 metros cuadrados de paneles fotovoltaicos que alimentarán los cuatro motores con los que cuenta. Estos tendrán una potencia máxima de 92 kW (126 CV) que le permitirán alcanzar una velocidad de 25km/h y estarán alimentados por un pack de baterías, mientras haya sol, aunque puede funcionar durante las noches pero el fabricante no indica durante cuánto tiempo.

Figura 3.33.- Planetsolar.

Fuente:http://www.uc3m.es/portal/page/portal/actualidad_cientifica/noticias/navegacion_autonoma_vehiculos.

Después de 16 meses de aventura, el barco alimentado por energía eléctrica Turanor ha llegado a puerto y completado una impresionante vuelta al mundo sin emitir ni un solo gramo de CO_2 durante su recorrido. Se trata del mayor barco impulsado por paneles solares construido hasta el momento y con una eslora de 31 metros por 15 de ancho, con un peso total de 15 toneladas y que ha contado con un plazo de fabricación de 14 meses, con un coste total de 11 millones de euros.

3.4.5 Desafío Microtransat.

En ella participarán sólo navíos que sean completamente autónomos y cuya longitud no exceda los cuatro metros, [17] la web de Microtransat. Los barcos saldrán de Viana do Castelo, en Portugal, y tratarán de alcanzar las costas del Caribe.

La finalidad de esta carrera es la de probar la resistencia y la fiabilidad de los robots en condiciones climáticas reales –fuera de laboratorio- y alejados de cargadores de baterías.

El barco Pinta, desarrollado por el Departamento de Ciencias de la Computación de la Universidad de Aberystwyth, en el Reino Unido, es un barco robot de navegación que servirá para probar la tecnología, mide 3,65 metros, pesa 280 kilos, tiene una vela de fibra de carbono y dos paneles solares para recoger la energía del sol. Asimismo, está equipado con sensores de ultrasonido, GPS, un ordenador y un sistema de radio-control estándar.

Se espera que sean los primeros robot que crucen el océano utilizando la energía solar, sin detenerse y sin asistencia. Se cree que tardarán unos tres meses en alcanzar su objetivo, Figura 3.34.

Figura 3.34.- Barcos solares de la Microtransat 2012.

Fuente:http://www.uc3m.es/portal/page/portal/actualidad_cientifica/noticias/navegacion_autonoma_vehiculos.

Capítulo 4

4 Vehículo Solar Autónomo, SAV.

4.1 Descripción del SAV.

En la Figura 4.35, se aprecia el robot experimental autónomo SAV, se puede ver en la parte superior el soporte con las células solares fotovoltaicas.

El robot experimental lleva un piloto automático sobre el que se programa la misión a realizar, un sistema de gestor energético, baterías de Lipo, un regulador de carga solar de baterías realizado especialmente para esta aplicación, dos motores de tracción, varios sensores de obstáculos, una cámara de video, diferentes sensores de radiación, temperatura, humedad, oxígeno, gases tóxicos, sistema de telemetría, etc.

A continuación se realiza una explicación de los componentes más importantes.

El sistema generador de energía del robot está formado por 9 células fotovoltaicas de silicio de elevado rendimiento, con una potencia de 3,7 Wp cada una, obteniendo una potencia total de 33,3 Wp, estas células se utilizan para capturar la radiación solar y convertirla en energía eléctrica.

Figura 4.35.- Vehículo Solar Autónomo.

Fuente: Propia.

El SAV utiliza un regulador de carga especial construido pora este robot y su función es la de regular la carga de las baterías desde los módulos solares, prevenir la sobrecarga, la descarga de las baterías y proteger las células solares cuando no haya radiación solar.

Cuenta con una batería o acumulador utilizado para almacenar la energía de las células fotovoltaicas, y proporcionar energía en los momentos de baja radiación.

En la Figura 4.36, aparece el esquema del sistema de control implementado, compuesto por una unidad central de procesamiento de datos CPU, basada en un microcontrolador, sobre la cual se implementa el sistema de gestión energética.

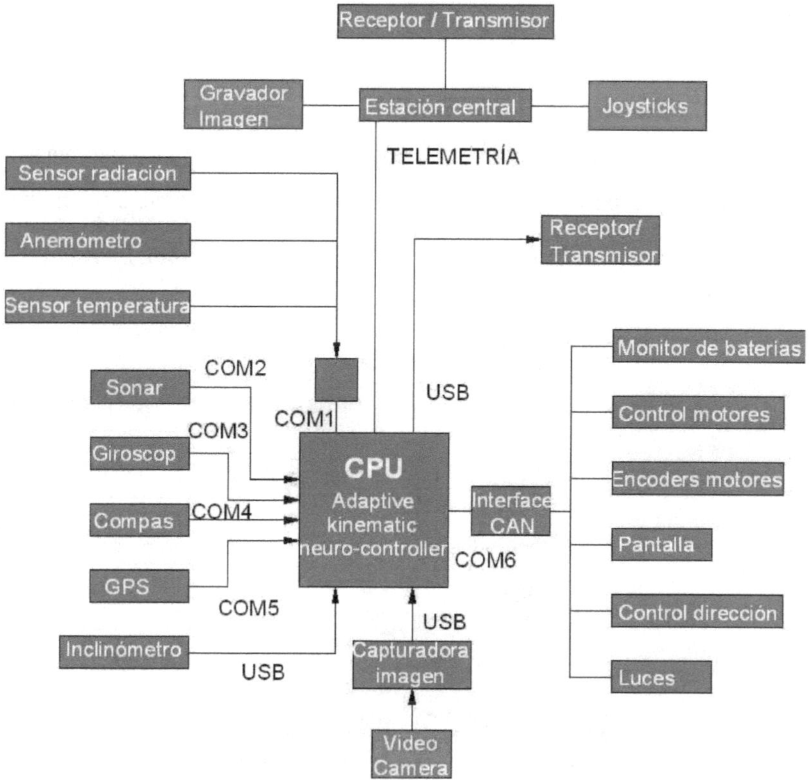

Figura 4.36.- Interconexiones de elementos del hardware del sistema de control del SAV.

Fuente: Diseño propio.

Además cuenta para la navegación un piloto automático donde van conectados los diferentes sensores necesarios para la navegación como el sónar, inclinómetros, giroscopio, compás y receptor GPS (Sistema de Posicionamiento Global), por otro lado, se conectan otros sensores necesarios para verificar el comportamiento del robot como su inclinación, giro y radiación solar incidente sobre las células solares.

Como salidas de actuación se conectan los controladores de los motores de tracción, control del sistema energético, pantalla de visualización de datos (opcional), servomotores para la cámara, luces de alumbrado y señalización (opcional), emisor/receptor de datos para control desde una central, emisor de señales de video, sistema de telemetría, etc.

4.2 Sistema de control energético del SAV.

En la Figura 4.37, se aprecia el esquema del sistema energético, compuesto por las células solares fotovoltaicas, que convierten la radiación solar incidente en energía eléctrica, después de pasar por unas protecciones de DC (Corriente Continua), la energía se inyecta a las baterías a través del regulador de carga con control MPP (Punto de Máxima Potencia).

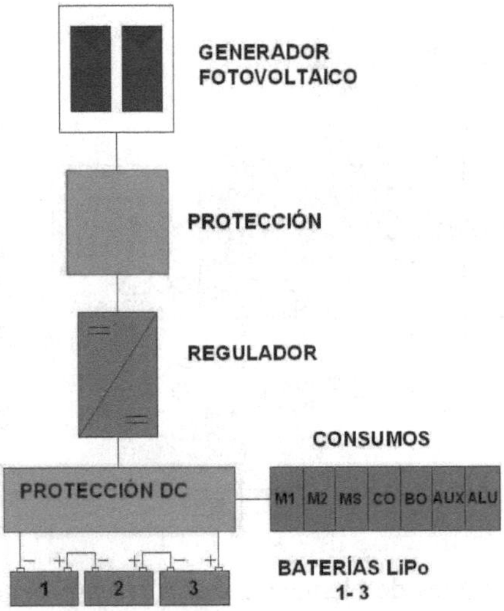

Figura 4.37.- Esquema instalación energética.

Fuente: Diseño propio.

Desde el sistema energético, van los sensores de corriente, que verifican en todo momento el consumo y la generación de energía, envían su información a la CPU, para que ésta controle los consumos, de manera que, aumente o reduzca la velocidad, conecte o desconecte algunos dispositivos como los de comunicaciones y otros sensores.

La mayoría de los componentes del sistema funcionan a 11,1 V, siendo la tensión más utilizada por los diferentes elementos del SAV, como los motores de tracción, etc., otros elementos usan una tensión de 5 V, se pone un regulador reductor de tensión, como la CPU (Unidad Central de Proceso), piloto automático, controlador de los motores, sensores, etc.

En la Figura 4.38 se ve una foto del vehículo prototipo SAV, utilizado para este proyecto.

Figura 4.38.- Vehículo prototipo SAV, utilizado para este proyecto.

Fuente: Diseño propio.

Capítulo 5

5 Diseño y elección de los elementos del SAV.

En este apartado se procede a especificar los diseños de los elementos más importantes de que consta el SAV.

5.1 El vehículo eléctrico.

El vehículo eléctrico, es parte esencial de este proyecto, los vehículos autónomos utilizados habitualmente para estos estudios, suelen ser eléctricos y necesitan tener instalado las baterías necesarias para alimentar los motores de tracción y todos sus componentes eléctricos, las baterías están alojadas en un habitáculo especial debajo del vehículo, con un diseño especialmente adecuado para no perjudicar al resto de elementos, para conseguir que el centro de gravedad del vehículo esté lo más bajo posible, para evitar vuelcos y mejor movilidad.

5.2 Esquema eléctrico del vehículo autónomo.

5.2.1 Esquema eléctrico

En la Figura 5.39, se ve el esquema eléctrico del SAV, con la descripción de los componentes, sección del cableado y potencias de los elementos de protección.

Lleva nueve células solares Siliken, Mo P 156, 1520/200, de 3,7 Wp, con un voltaje a máxima potencia, Vmp=0,487V, con corriente a máxima potencia, Imp=7,60A, con voltaje en circuito abierto, Voc=0,611V y una corriente en cortocircuito, Isc=8,20A, el sistema completo conectado en serie nos proporciona 33,3 Wp, Vmp=4,38V, Imp=7,60A, Voc=5,499V e Isc=8,10A.

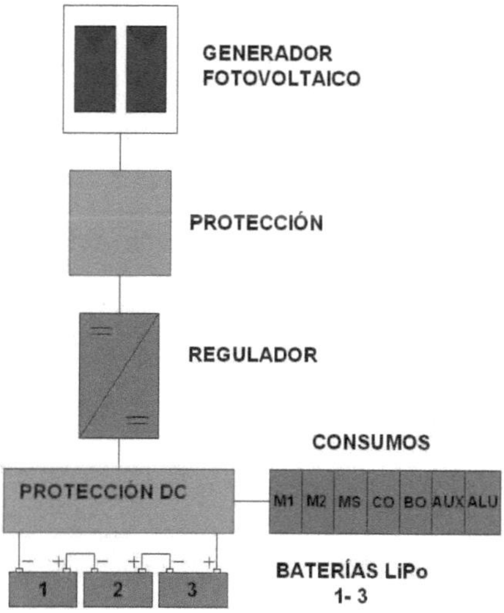

Figura 5.39.- Esquema eléctrico del SAV.

Fuente: Propia.

La energía procedente de las células solares pasa por un cuadro DC, para proteger el sistema, compuesto por un interruptor automático para corriente continua de dos polos y de 10A.

La energía eléctrica se hace pasar por un regulador de carga solar, construido para este robot mediante diodos y circuitos de electrónica de potencia, lleva tres salidas independientes de 4,38 V, para cada una de las baterías, al ser las baterías de 3,7V cada una, se obtiene un sistema de Vmáx =11,1V e Idcmáx=7,60A, que permite regular la corriente de carga hacia las baterías, mediante conmutación y un sistema inteligente de carga.

La línea eléctrica llega hasta un cuadro general de protección y distribución, de éste pasa a tres baterías de 3,7V, 2,2A, conectadas en serie, que proporcionan 24,42 Wh, a 11,1V, necesarios para que funcionen todos los componentes del SAV.

En el esquema se aprecia que hay dos partes de distribución, una a 11,1V, para los elementos de potencia y otra a 5,3V, para el resto de componentes, esto se consigue colocando un regulador-reductor de tensión.

El cableado que procede de las baterías es el de mayor sección, ya que es la parte donde mayor corriente pasa, los cables de los drivers de los motores también son de cierta sección y los procedentes de las células solares, para evitar pérdidas por caídas de tensión.

Para cada conexión de cada elemento alimentado del SAV, se ha colocado una regleta de conexiones y protección, numeradas, reflejando en primera parte la tensión y después el número de elemento, para identificarlo en el esquema.

En el Anexo de planos, se aprecian con más claridad todos los elementos del esquema eléctrico.

5.3 Servomotores de tracción.

5.3.1 Motores, encoders y frenos eléctricos.

En la Figura 5.40, se ve la foto de los dos motores, con sus cajas reductoras, encoger y frenos eléctricos, llevan una palanca de bloqueo para permitir la inmovilización del eje de giro para pruebas y reparaciones.

La potencia de cada motor es de 15 W, con una tensión de funcionamiento de 11,1V. Permite de esta manera una protección a la intemperie de los motores y evitar golpes de objetos que haya en el suelo, durante su movimiento.

Figura 5.40.- Fotografía de los dos motores eléctricos, con la caja reductora, frenos eléctricos y encoders incluidos.

Fuente: Construcción propia.

5.4 Baterías.

Las baterías elegidas para este vehículo son de LiPo, de la marca Power, utilizadas en diferentes aplicaciones como telecomunicaciones, energía solar, aeromodelismo, etc., el modelo elegido está compuesto de 3 celdas de 3,7V, se consigue una tensión de 11,1V, con una capacidad de 2,2Ah y un peso de 174 g, ver Figura 5.41.

Figura 5.41.- Foto de la batería utilizada.

Fuente: Fotografía propia.

5.5 Módulos solares fotovoltaicos.

Para la realización de este proyecto se utilizan 9 células fotovoltaicas de la marca Siliken, total 33,3 Wp, fabricado con células de silicio multicristalino de elevado rendimiento.

Estas células tienen una garantía de productividad: 90% de rendimiento a 10 años y el 80% de rendimiento a 25 años.

• Los módulos se pueden montar e interconectar fácilmente en serie o en paralelo.

Características del módulo solar obtenido de 33,3 Wp

Tamaño del módulo	500 x 500 (mm)
Tamaño de las células	156 x 156 (mm)
Número de células	9 / 3x3 (us)
Voltaje de uso	4,38 (V)
Diodos de protección	3 by-pass

Potencia máxima	33,3 (Wp)
Voltaje a potencia máxima1	4,38 V
Corriente a potencia máxima	7,60 A
Voltaje de circuito abierto	5,52 V
Corriente de cortocircuito	8,10 A
Conexión	soldadura
Peso	108g + 125 g soporte = 233 g

En la Figura 5.42, se ve la foto del módulo solar fotovoltaico utilizado, compuesto por las 9 células individuales, unidas entre sí, mediante cable flexible soldado tanto por la parte de arriba, como por la parte de abajo, de manera que las 9 células quedan unidas en serie, la base es de un material muy ligero y rígido capaz de mantener la rigidez del módulo formado, en un extremo quedan las conexiones positiva y negativa.

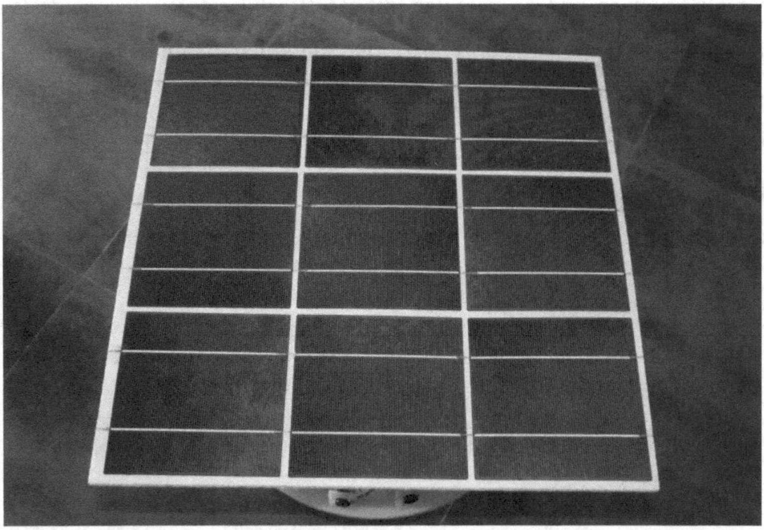

Figura 5.42.- Foto del módulo solar.

Fuente: Construcción propia.

5.6 Regulador de carga solar.

Para regular la carga de las baterías de manera correcta, con las menores pérdidas posibles, se ha diseñado y construido un regulador electrónico.

Al ser la tensión del generador fotovoltaico de 4,38V, tensión menor al del sistema conseguido con las 3 baterías de 11,1V, se utiliza un sistema de conmutación, donde se suministra la tensión de carga a cada una de las baterías de 3,7V, de manera independiente, al ser la Imp del generador de 7,60 A y la intensidad de las baterías de 2,2 A, permite recargar las 3 baterías en 52 minutos, en carga normal.

El regulador carga las baterías a una tensión constante. Para ello, utiliza toda la corriente que se obtiene de la fuente de carga hasta que se alcanza la tensión de carga final. Según la radiación solar, el consumo del robot, del comportamiento de las baterías, el regulador efectúa automáticamente diferentes métodos de carga: carga normal, carga reforzada y carga de compensación.

5.7 Unidad central de control.

El sistema de computador empotrado utilizado es el modelo APM, que es compatible con Arduino y es una plataforma bien probada y madura, con decenas de miles de usuarios, ver Figura 5.43.

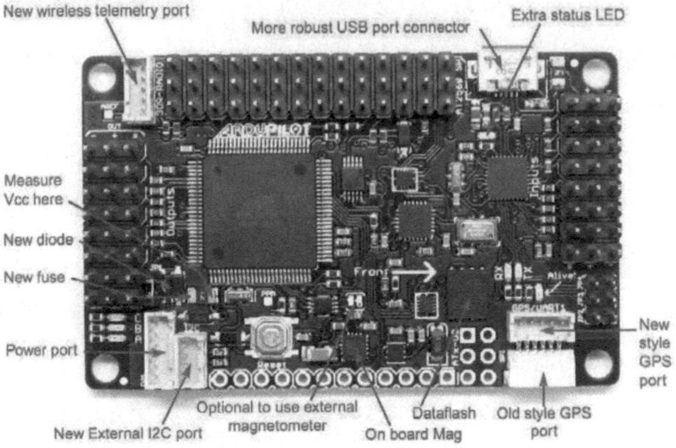

Figura 5.43. Plataforma APM, Ardupilot.

Fuente: http://ardupilot.org/copter/docs/common-apm25-and-26-overview.html

5.8 Plataforma ArduPilot.

- 6 Grado de libertad IMU estabilizado el control
- Gyro modo de vuelo estabilizado que permite acrobacias (bucles y rollos barril)
- GPS para mantener la posición, waypoints y retorno al lanzamiento
- Magnetómetro de la rúbrica determinación
- Barómetro de mantenimiento de altitud
- Sensor IR de integración para evitar obstáculos
- Sensor Sonar para el despegue automático y capacidad de aterrizaje
- Automatizado de navegación waypoint
- Control del motor utilizando Controladores PWM Electrónica velocidad estándar de bajo costo (ESC 's)
- A bordo del vuelo de almacenamiento de datos telemetery
- Montado estabilización de la cámara la capacidad
- Mando inalámbrico y telemetría para la comunicación a larga distancia
- Capacidad para volar en "+", "x", quad, hexa y octo configuraciones
- Nivel de la batería de detección
- Configurable por el usuario patrón de vuelo del LED
- Capacidad para utilizar cualquier receptor R / C
- Configuración ArduCopter y Ground Control Software
- Gráficos en tiempo real de datos de vuelo
- GUI para la configuración de los parámetros de vuelo PID y otros
- On Screen Display (OSD) de integración
- Programación Waypoint usando Google Maps
- Vista Mixertable de configuración automática "+", "x" , quad, hexa y octo configuraciones

En la Figura 5.44, podemos ver una foto de a plataforma APM de ArduPilot y GPS utilizado, donde lleva implementado el sistema de control, piloto automático y sistema de control energético del vehículo solar.

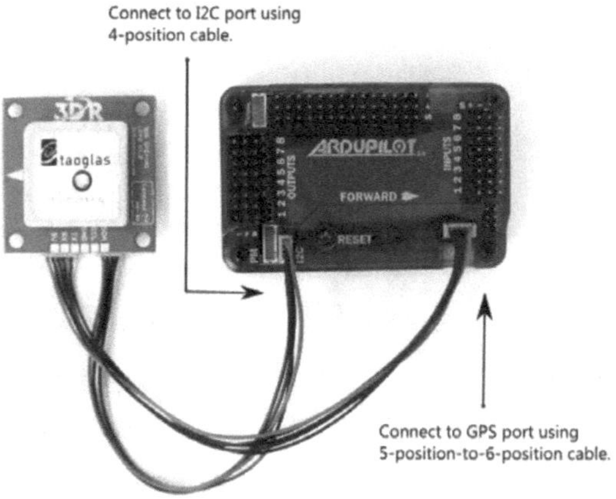

Figura 5.44.- Plataforma APM, Ardupilot y GPS.

Fuente: http://ardupilot.org/copter/docs/common-apm25-and-26-overview.html.

El SAV lleva un receptor GPS montado sobre el vehículo, se utiliza para la navegación autónoma, con este sistema permite conocer la posición inicial y si introducimos las coordenadas de la meta, permite al SAV navegar hasta la misma, evitando los obstáculos, modificando su trayectoria lo necesario, para evitar la colisión con obstáculos que se encuentre en su camino, para ello, lleva unos sensores sonar por ultrasonidos, perimetrales y una cámara de televisión en su parte frontal.

La integración de la expansión y el sistema, ArduPilot lleva varios puertos, conexión USB y interfaces de puerto serie, así como entradas para sensores y salidas para el control de los reguladores de los motores, servos, etc.

5.9 Sensores.

5.9.1 Sónar detección laterales.

Estos sensores funcionan por ultrasonidos, estos son capaces de detectar un obstáculo a más de 1 metro de distancia de los mismos, de esta manera se evita cualquier colisión lateral con un obstáculo. En la Figura 5.45, se puede ver el sensor.

Se han colocado 8 sensores perimetrales, frontal y laterales, al objeto de detectar cualquier obstáculo frontal y lateral que se aproxime a menos de 1 metro del SAV. Estos sensores son de reducido tamaño, peso ligero, bajo consumo y muy fiables en su funcionamiento.

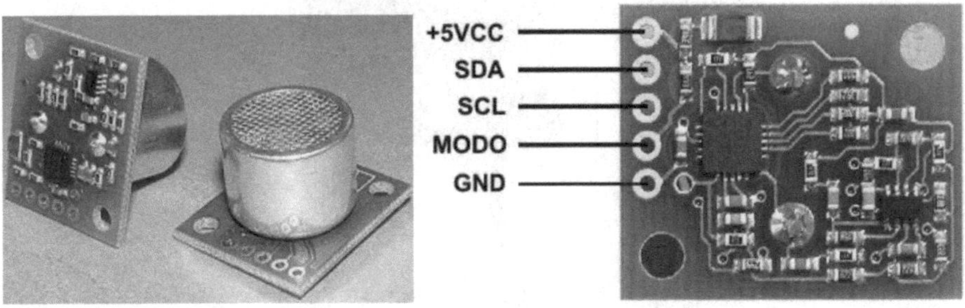

Figura 5.45.- Sensor de distancias por ultrasonidos SFR02.

Fuente: Catálogo.

5.10 Comunicaciones.

5.10.1 Equipo radio control.

Aunque el Robot es autónomo y navega por si mismo, necesita un control manual para diferentes ocasiones, como para ponerlo en marcha, para recuperarlo de posibles atascos, averías y de seguridad, para ello se utiliza un equipo de radio control, de los utilizados en aeromodelismo, Marca Walkera, modelo Devo 10, que dispone de emisor, receptor de 10 canales y emisor receptor de telemetría.

El equipo emisor y receptor de telemetría permite conectar a un ordenador, para el análisis de las señales recibidas de los sensores colocados en el robot.

En la Figura 5.46, se observa una foto del equipo de radio control, compuesto por un emisor de mando, un receptor de 10 canales de bajo peso, pequeño tamaño y gran alcance, dispone del emisor de telemetría.

Figura 5.46.- Equipo radio control DEVO-10,

Fuente: Catálogo de Walkera.

5.10.2 Sistema de telemetría.

Para enviar las señales provenientes de los sensores del robot, necesarias para verificar el consumo del mismo, la tensión de las baterías, temperatura del ambiente y/o de alguno de sus elementos, inclinación, coordenadas o posición GPS, etc., utilizamos un equipo de telemetría de la Marca Walkera, modelo Sensor WK-CTL01-D, de 10 canales.

En la Figura 5.47, se puede ver una foto del sistema de telemetría utilizado y en la Figura 5.48, los sensores, donde las señales son recibidas en el receptor Walkera, Devo 10.

Figura 5.47.- Equipo emisor de telemetría WK-CTL01-D, de 10 canales, de Walkera. Fuente: Catálogo de Walkera.

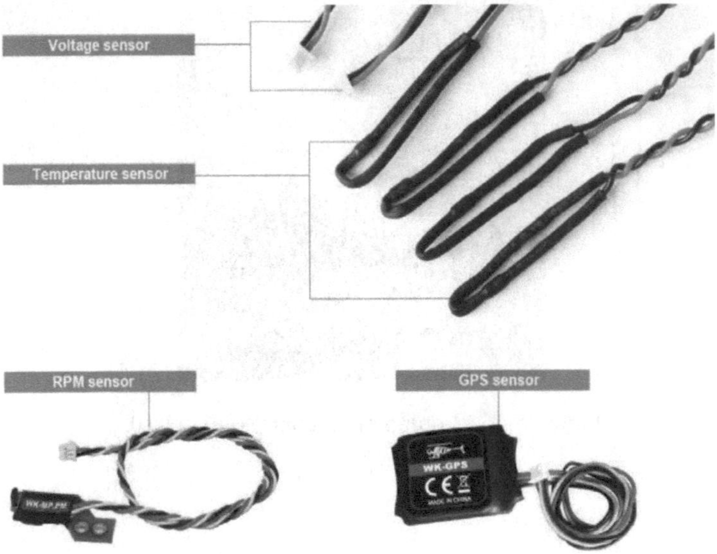

Figura 5.48.- Sensores del equipo de telemetría.

Fuente: Catálogo de Walkera.

5.11 Componentes varios.

5.11.1 Controlador de motores.

Este componente es un sensor de corriente, permite enviar una señal a la CPU, proporcional a la corriente que lo atraviesa, necesaria para el sistema de control energético. En la Figura 5.49, se ve el diseño en 3D, del mismo.

Figura 5.49.- Diseño en 3D del trafo sensor de corriente.

Fuente: Diseño propio con SolidWorks 2012.

5.11.2 Regulador de tensión de 5,3V.

Este dispositivo es un regulador reductor de tensión para reducir de 11,1V a 5,3V, necesarios para algunos dispositivos. En la Figura 5.50, se ve el regulador.

Este regulador lleva unos sensores de corriente y de tensión, que permite conectar su salida al emisor de telemetría para enviar dichos datos a la central de control y a la unidad de control central del propio robot.

Figura 5.50.- Fotografía del regulador de 11,1V a 5,3V.

Fuente: Diseño propio con SolidWorks 2012.

Capítulo 6

6 Sistema generador fotovoltaico.

6.1 Simulaciones sistema generador fotovoltaico.

A continuación vamos a realizar una simulación para obtener la energía generada por el sistema fotovoltaico, la energía almacenada en las baterías, descontando las pérdidas por suciedad de los módulos, cableado, eficiencia del regulador, sombras, posición horizontal de los módulos solares, etc.

La simulación del sistema solar fotovoltaica generador del vehículo solar autónomo, se ha realizado mediante el software profesional PVSYST V5.05, desarrollado por el Institute of the Sciencies of the Environment Group of Energy University of Géneva, Switzerland, muy utilizado en simulación y cálculo en proyectos de instalaciones solares fotovoltaicas.

El origen de los datos para obtener la irradiación para la ciudad de Murcia, España, se ha utilizado los datos proporcionados por METEONORM.

En la Figura 6.51, aparece la configuración del programa para la simulación del sistema generador fotovoltaico, se aprecia el modelo de módulo fotovoltaico, la configuración de 1 módulo, la Vmpp, Isc, potencia nominal y pico, etc.

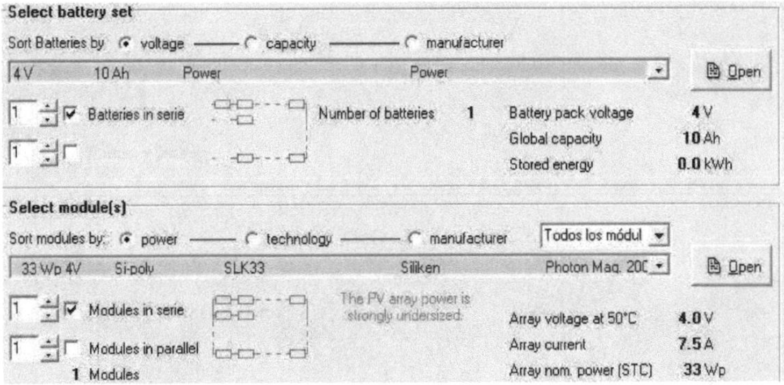

Figura 6.51.- Datos configuración instalación fotovoltaica.

Fuente: Elaboración propia, simulación realizada mediante el software PVSYST V5.05.

En la Figura 6.52, se ha configurado los parámetros del soporte del módulo, sobre el vehículo: módulo en posición horizontal, eje orientado Norte-Sur.

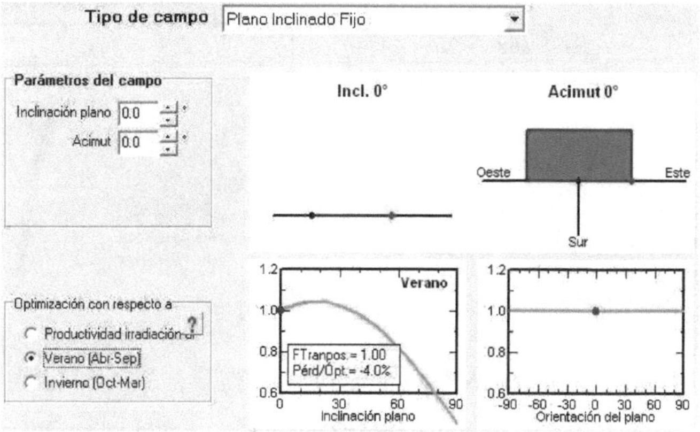

Figura 6.52.- Datos configuración posición del módulo solar.

Fuente: Elaboración propia, simulación realizada mediante el software PVSYST V5.05.

En la Figura 6.53, se ha configurado el módulo solar construido con 9 células solar SLK33, con los parámetros más adecuados dados por la hoja de características del fabricante: potencia, Voc, Isc, Vmpp, Impp, etc., en la Figura 6.54 aparece la curva I-V del módulo y en la Figura 6.55 más especificaciones del módulo solar.

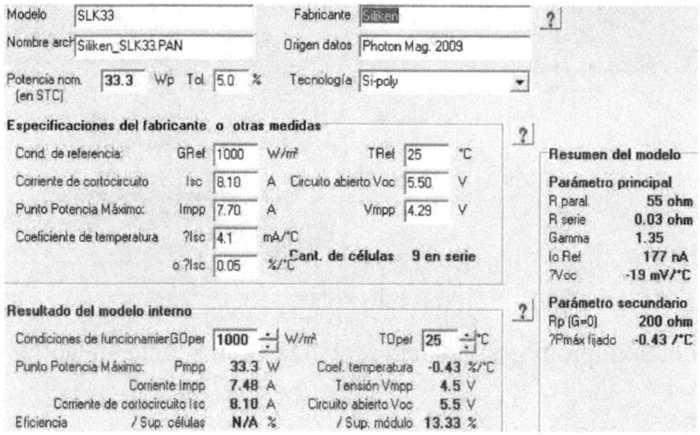

Figura 6.53.- Datos configuración módulo solar.

Fuente: Elaboración propia, simulación realizada mediante el software PVSYST V5.05.

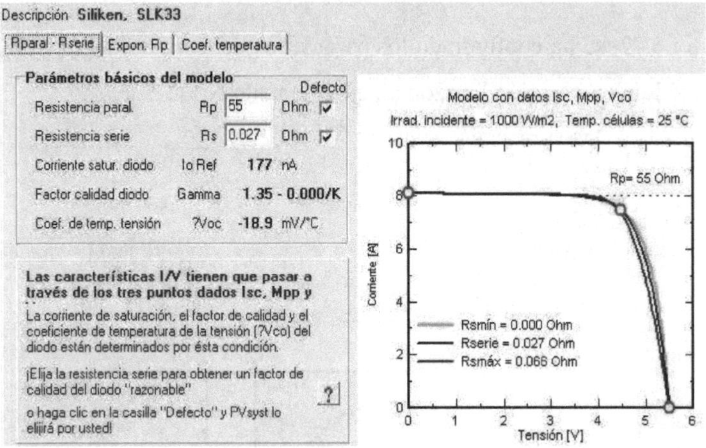

Figura 6.54.- Datos configuración módulo solar.

Fuente: Elaboración propia, simulación realizada mediante el software PVSYST V5.05.

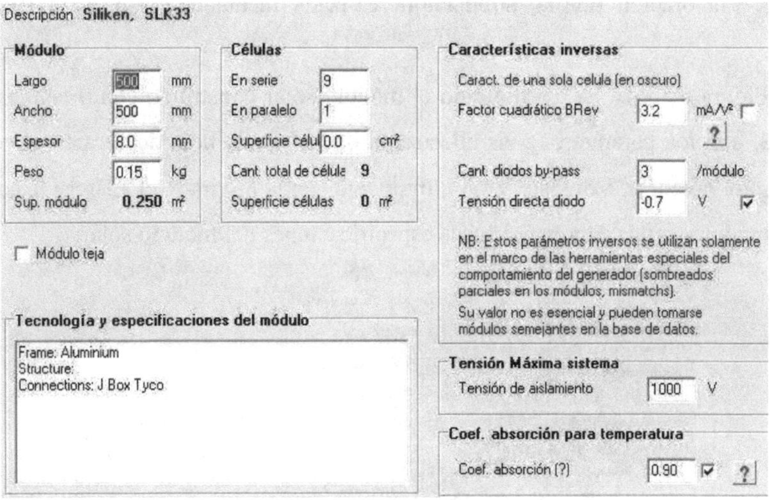

Figura 6.55.- Datos configuración módulo solar.

Fuente: Elaboración propia, simulación realizada mediante el software PVSYST V5.05.

En la Figura 6.56, se ve la curva V-I, obtenida del módulo solar, en la Figura 6.57, aparece la curva de potencias y en la Figura 6.58, la curva obtenida según el ángulo de incidencia de la radiación solar sobre el módulo.

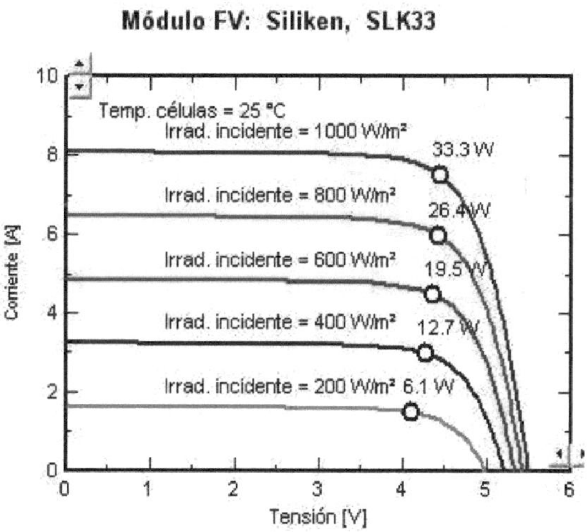

Figura 6.56.- Curva obtenida del módulo solar.

Fuente: Elaboración propia, simulación realizada mediante el software PVSYST V5.05.

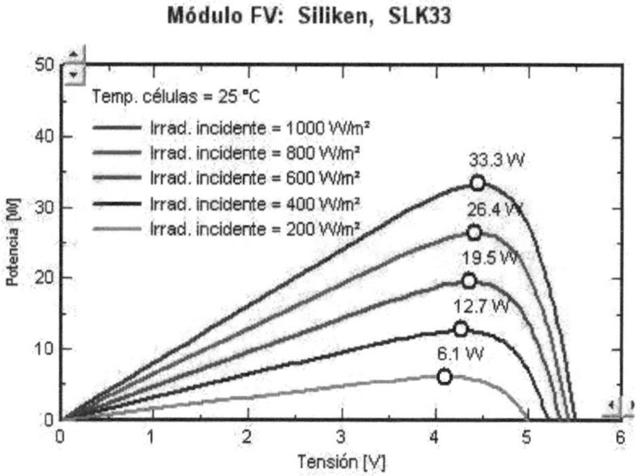

Figura 6.57.- Curvas de potencia del módulo solar.

Fuente: Elaboración propia, simulación realizada mediante el software PVSYST V5.05.

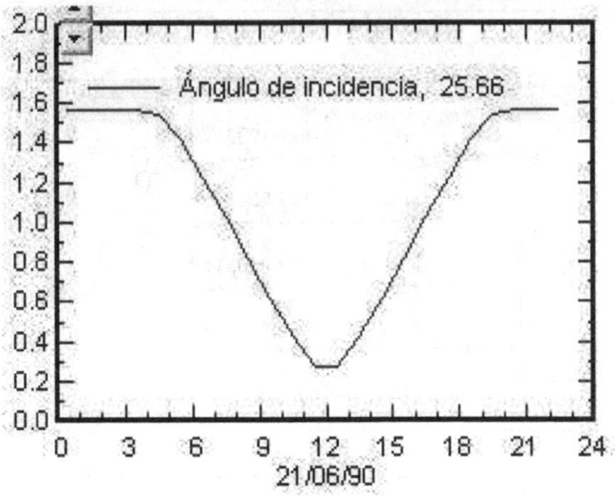

Figura 6.58.- Curva obtenida según el ángulo de incidencia de la radiación solar del módulo.

Fuente: Elaboración propia, simulación realizada mediante el software PVSYST V5.05.

La curva obtenida de la eficiencia según la irradiación global incidente y real a 40ºC, se puede ver en la Figura 6.59.

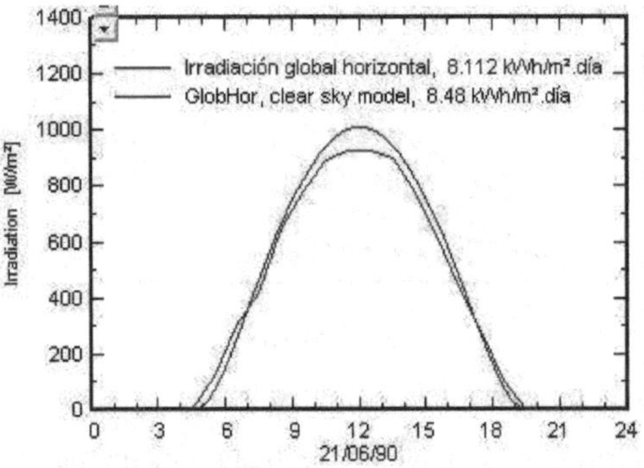

Figura 6.59.- Curva de irradiación global incidente y real obtenida.

Fuente: Elaboración propia, simulación realizada mediante el software PVSYST V5.05.

En la Figura 6.60 se ha obtenido la curva de irradiación de la zona de Murcia, para todo el año, en la Figura 6.61 aparece la curva de la distribución de potencias del generador, en la Figura 6.62, la eficiencia según la temperatura de las células solares y en la Figura 6.63, la eficiencia según la radiación incidente y la temperatura, sobre los módulos solares.

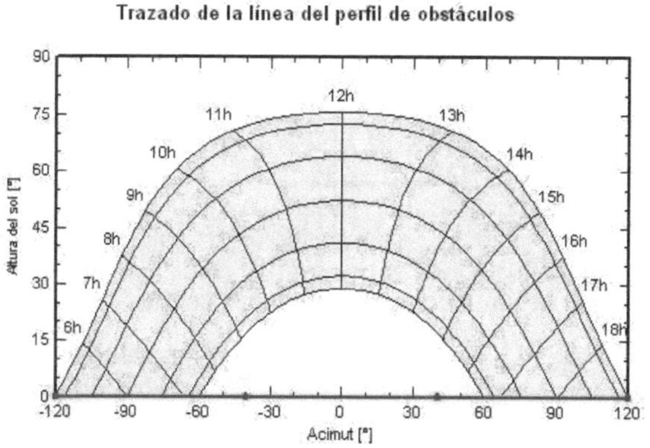

Figura 6.60.- Zona de irradiación y pérdidas por sombra.

Fuente: Elaboración propia, simulación realizada mediante el software PVSYST V5.05.

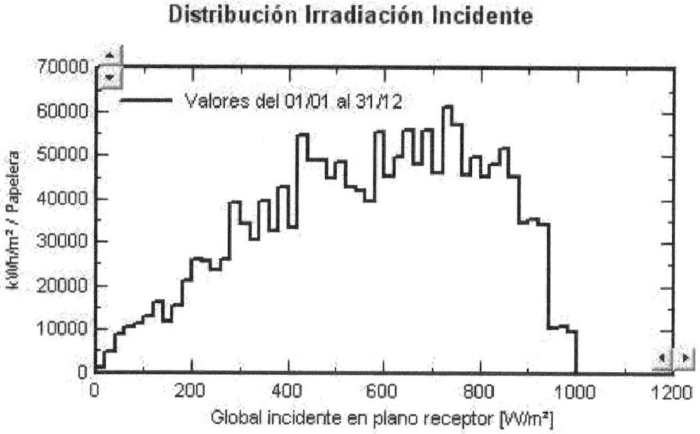

Figura 6.61.- Distribución de potencias del generador.

Fuente: Elaboración propia, simulación realizada mediante el software PVSYST V5.05.

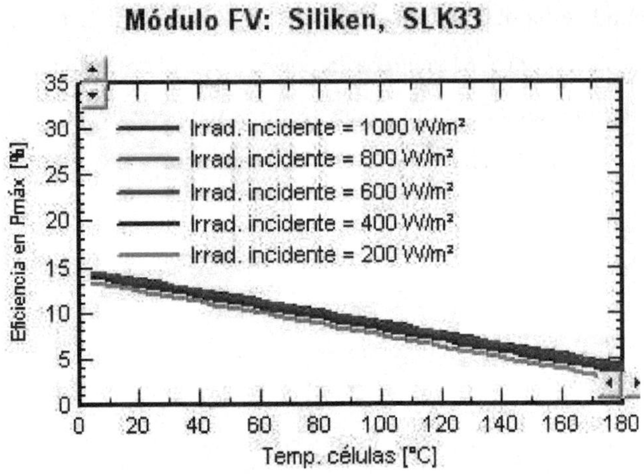

Figura 6.62.- Eficiencia según la temperatura de las células.

Fuente: Elaboración propia, simulación realizada mediante el software PVSYST V5.05.

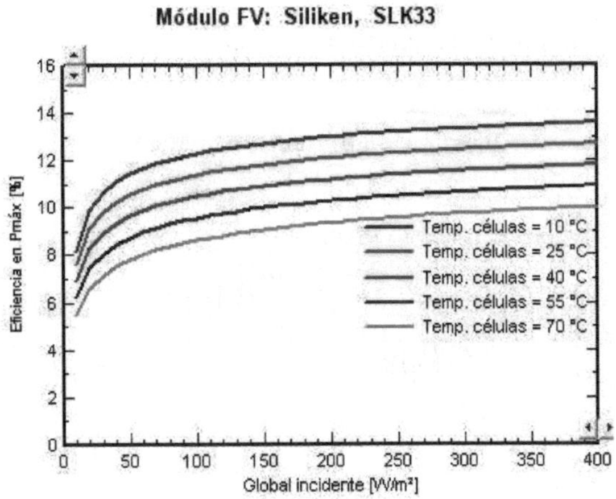

Figura 6.63.- Eficiencia según la radiación incidente y la temperatura.

Fuente: Elaboración propia, simulación realizada mediante el software PVSYST V5.05.

En la **¡Error! No se encuentra el origen de la referencia.**, aparecen la distribución de tensión de red, en la **¡Error! No se encuentra el origen de la referencia.**, la tensión media de las baterías, en la Figura 6.66, las pérdidas de energía no utilizada al estar las baterías cargadas, en la Figura 6.67, la variación de la temperatura ambiente y en la Figura 6.68, el estado de carga del sistema generador-baterías, al final de una jornada.

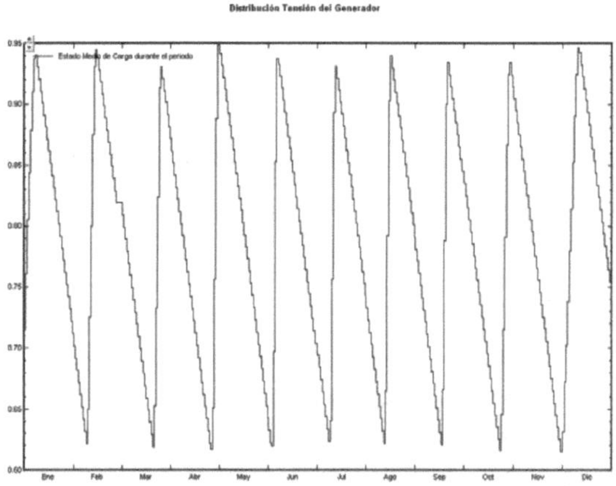

Figura 6.64.- Distribución anual de la tensión del generador.

Fuente: Elaboración propia, simulación realizada mediante el software PVSYST V5.05.

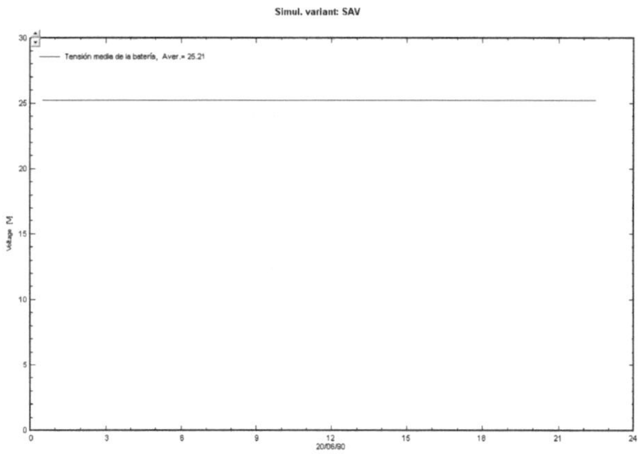

Figura 6.65.- Tensión media del generador, durante un día, 20 de junio.

Fuente: Elaboración propia, simulación realizada mediante el software PVSYST V5.05.

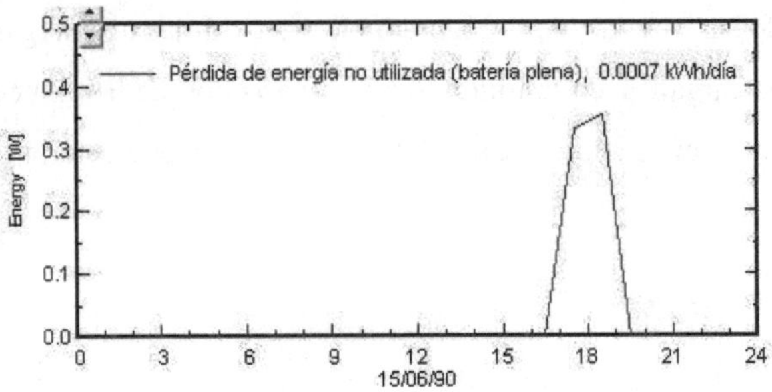

Figura 6.66.- Pérdida de energía no utilizada al estar las baterías cargadas.

Fuente: Elaboración propia, simulación realizada mediante el software PVSYST V5.05.

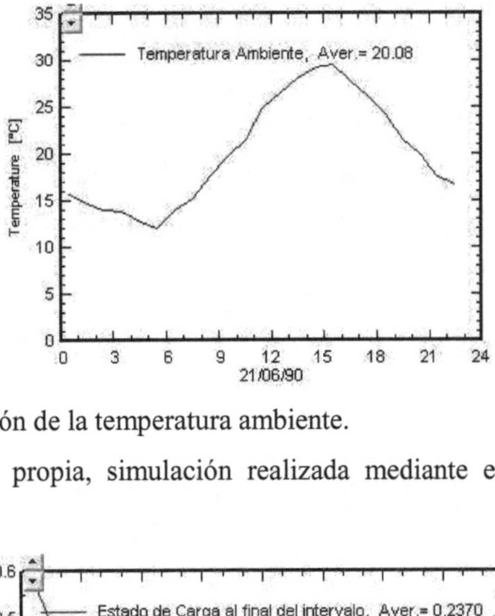

Figura 6.67.- Variación de la temperatura ambiente.

Fuente: Elaboración propia, simulación realizada mediante el software PVSYST V5.05.

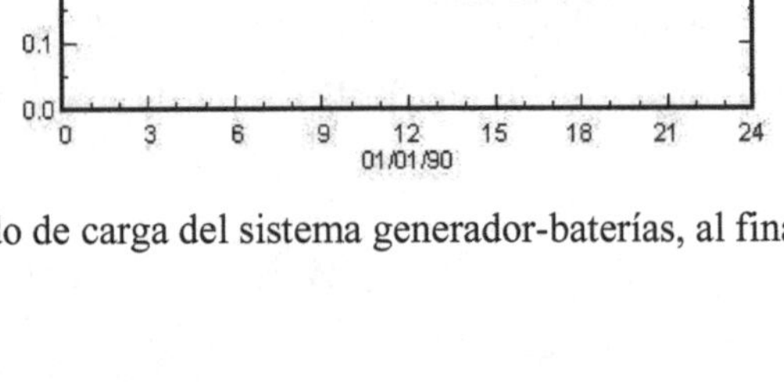

Figura 6.68.- Estado de carga del sistema generador-baterías, al final de una jornada.

Fuente: Elaboración propia, simulación realizada mediante el software PVSYST V5.05.

En la Figura 6.69,

Figura 6.70, Figura 6.71 y

Figura 6.72, aparecen los resultados de la simulación del sistema generador fotovoltaico.

UNIVERSITÉ DE GENÈVE PVSYST	PVSYST V5.05		12/06/14	Página 1/4

Sistema Aislado: Parámetros de la simulación

Proyecto :	**Vehículo Solar Autónomo**			
Lugar Geográfico	**Murcia / San Javier**		**País**	**España**
Ubicación	Latitud	37.8°N	Longitud	0.8°W
Hora definido como	Hora Solar		Altitud	3 m
	Albedo	0.28		
Datos climatológicos :	Murcia / San Javier, Síntesis Datos por Hora			
Variante de simulación :	**Radiación**			
	Fecha de simulación	12/06/14 19h25		
Parámetros de la simulación				
Orientación Plano Receptor	Inclinación	0°	Acimut	0°
Características generador FV				
Módulo FV	Si-poly Modelo	**SLK33**		
	Fabricante	Siliken		
Número de módulos FV	En serie	1 módulos	En paralelo	1 filas
N° total de módulos FV	N° módulos	1	Pnom unitaria	33 Wp
Potencia global generador	Nominal (STC)	**33 Wp**	En cond. funcionamiento	30 Wp (50°C)
Características funcionamiento del generador (50°C)	U mpp	4 V	I mpp	7 A
Superficie total	Superficie módulos	**0.3 m²**		
Factores de pérdida de Generador FV				
Factor de pérdidas térmicas	Uc (const)	29.0 W/m²K	Uv (viento)	0.0 W/m²K / m/s
=> Temp. Recep. Func. Nom. (G=800 W/m², Tamb=20° C, VelViento=1m/s)			TONC	45 °C
Pérdida Óhmica en el Cableado	Res. global generador	67 mOhm	Fracción de Pérdidas	11.2 % en STC
Pérdida Diodos en Serie	Caída de Tensión	0.7 V	Fracción de Pérdidas	15.7 % en STC
Pérdida Calidad Módulo			Fracción de Pérdidas	2.5 %
Pérdidas Mismatch Módulos			Fracción de Pérdidas	4.0 % (tensión fija)
Efecto de incidencia, parametrización ASHRAE	IAM =	1 - bo (1/cos i - 1)	Parámetro bo	0.05
Parámetro del Sistema	Tipo de sistema	**Sistema Aislado**		
Batería	Modelo	**Power**		
	Fabricante	Power		
Características del Banco de Baterías	Tensión	4 V	Capacidad Nominal	10 Ah
	N° de unidades	1		
	Temperatura	Fijo (20°C)		
Regulador	Modelo	General Purpose Default		
	Tecnología	Undefined	Coef. temp.	-5.0 mV/°C/elem.
Umbrales de Regulación Baterías	Carga	6.8/6.5 V	Descarga	5.9/6.3 V
	Comando de Generador Auxiliar	5.9/6.4 V		
Necesidades de los u	Consumos domésticos diarios	Constante durante el año		
	media	0.1 kWh/Día		

Figura 6.69.- Resultado de la simulación del sistema generador, página 1.

Fuente: Elaboración propia.

UNIVERSITÉ DE GENÈVE PVSYST	PVSYST V5.05		12/06/14	Página 2/4

Sistema Aislado: Necesidades detalladas del usuario

Proyecto : **Vehículo Solar Autónomo**

Variante de simulación : **Radiación**

Parámetros principales del sistema	Tipo de sistema	**Aislado**			
Orientación Campos FV	inclinación	0°		acimut	0°
Generador FV	N° de módulos	1		Pnom total	**33 Wp**
Necesidades de los u	Consumos domésticos diarios	Constante durante el año		global	55 kWh/año

Consumos domésticos diarios, Constante durante el año, media = 0.1 kWh/día

Valores anuales

	Número	Potencia	Utilización	Energía
Otras utilizaciones	1	30 W total	5 h/día	150 Wh/día
Energía total diaria				150 Wh/día

Figura 6.70.- Resultado de la simulación de la estación del sistema generador, pág 2.

Fuente: Elaboración propia.

UNIVERSITÉ DE GENÈVE PVSYST | PVSYST V5.05 | 12/06/14 | Página 3/4

Sistema Aislado: Resultados principales

Proyecto : **Vehículo Solar Autónomo**

Variante de simulación : **Radiación**

Parámetros principales del sistema Tipo de sistema **Aislado**

Orientación Campos FV inclinación 0° acimut 0°

Generador FV N° de módulos 1 Pnom total **33 Wp**

Necesidades de los u Consumos domésticos diarios Constante durante el año global 55 kWh/año

Resultados principales de la simulación

Producción del Sistema **Energía disponible** **0.0 kWh/a** Producible específico 1 kWh/kWp/año

Energía utilizada 0.0 kWh Excedente (no utilizado) 0.0 kWh/año

Factor de rendimiento (PR) 0.1 % Fracción solar SF 0.1 %

Pérdida de carga Fracción de tiempo 99.9 % Energía faltante 55 kWh

Producciones normalizadas (por kWp instalado): Potencia nominal 33 Wp

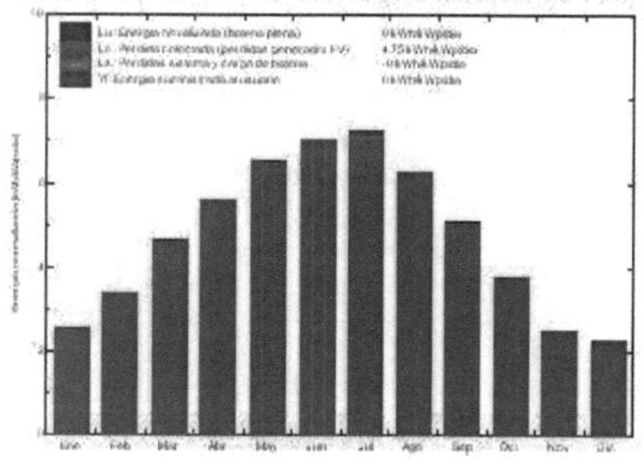

Factor de rendimiento (PR) y Fracción solar SF

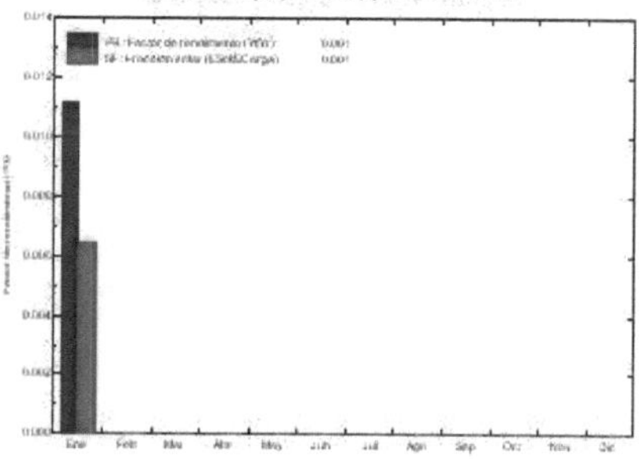

Radiación
Balances y resultados principales

	GlobHor kWh/m²	GlobEff kWh/m²	E Avail kWh	EUnused kWh	E Miss kWh	E User kWh	E Load kWh	SolFrac
Enero	80.0	74.2	0.005	0.005	4.620	0.030	4.650	0.006
Febrero	95.0	89.7	0.002	0.002	4.200	0.000	4.200	0.000
Marzo	145.0	138.5	0.004	0.004	4.650	0.000	4.650	0.000
Abril	168.0	161.9	0.005	0.005	4.500	0.000	4.500	0.000
Mayo	203.0	196.4	0.001	0.001	4.650	0.000	4.650	0.000
Junio	211.0	204.7	0.001	0.001	4.500	0.000	4.500	0.000
Julio	224.0	217.0	0.000	0.000	4.650	0.000	4.650	0.000
Agosto	193.0	186.4	0.006	0.006	4.650	0.000	4.650	0.000
Septiembre	153.0	147.0	0.000	0.000	4.500	0.000	4.500	0.000
Octubre	117.0	111.2	0.004	0.004	4.650	0.000	4.650	0.000
Noviembre	75.0	70.1	0.003	0.003	4.500	0.000	4.500	0.000
Diciembre	70.0	64.9	0.009	0.009	4.650	0.000	4.650	0.000
Año	1734.0	1662.1	0.040	0.040	54.720	0.030	54.750	0.001

Leyendas:
- GlobHor: Irradiación global horizontal
- GlobEff: Global efectivo, corr. para IAM y sombreados
- E Avail: Energía Solar Disponible
- EUnused: Pérdida de energía no utilizada (batería plena)
- E Miss: Energía faltante
- E User: Energía suministrada al usuario
- E Load: Necesidad de energía del usuario (Carga)
- SolFrac: Fracción solar (EUtilizada/ECarga)

Figura 6.71.- Resultado de la simulación de la estación del sistema generador, pág3.

Fuente: Elaboración propia.

UNIVERSITÉ DE GENÈVE PVSYST	PVSYST V5.05	12/06/14	Página 4/4

Sistema Aislado: Diagrama de pérdidas

Proyecto : **Vehículo Solar Autónomo**

Variante de simulación : **Radiación**

Parámetros principales del sistema	Tipo de sistema	**Aislado**			
Orientación Campos FV	inclinación	0°		acimut	0°
Generador FV	N° de módulos	1		Pnom total	**33 Wp**
Necesidades de los ι	Consumos domésticos diarios	Constante durante el año		global	55 kWh/año

Diagrama de pérdida durante todo el año

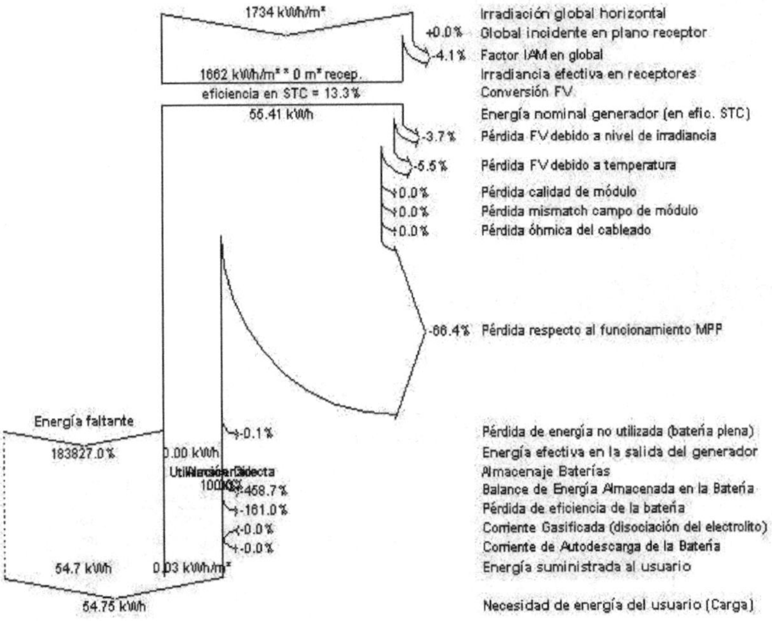

Figura 6.72.- Resultado de la simulación de la estación del sistema generador, página 4, en esta parte aparece el diagrama de Sankey con las pérdidas.

Fuente: Elaboración propia.

Capítulo 7

7 Modelo de vehículo solar autónomo.

7.1.1 Esquema del modelo de SAV, en Simulink/Matlab.

En la Figura 7.73, se puede ver los diferentes bloques que engloban las distintas partes del vehículo.

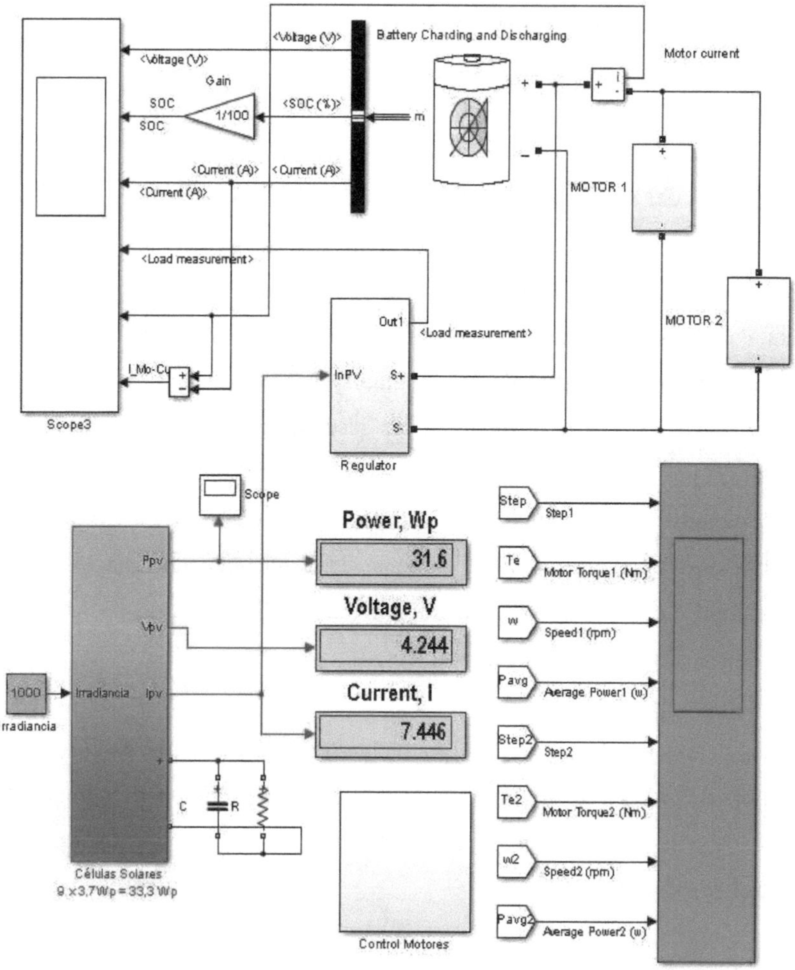

Figura 7.73.- Esquema del modelo de SAV, realizado en Simulink/Matlab.

Fuente: Diseño propio.

En este capítulo del proyecto se procederá a la descripción del modelo del vehículo usado para realizar las simulaciones. El modelo usa como formato el modulo Simulink del Programa Matlab, versión R2012b, ya que a través de este se realizaran las simulaciones.

Estos bloques tienen en su interior el modelo propiamente dicho, ya sea a través de ecuaciones, o con modelos predefinidos por el programa. En los siguientes apartados se describe tanto el orden y conexión entre bloques, como los modelos eléctricos y mecánicos que poseen en su interior.

7.1.2 Bloque de la célula solar.

La descripción del funcionamiento y la exposición de las ecuaciones fundamentales que gobiernan el comportamiento de una célula solar que presentamos en este trabajo han sido tomadas, del excelente trabajo de M. C. Alonso García [25] y de [26].

La célula solar más utilizada es la de unión PN cuyo funcionamiento en la oscuridad difiere muy poco de la de un diodo de unión y por consiguiente las características eléctricas corriente-tensión obedecen a los resultados típicos de dicho dispositivo elemental [27].

Bajo condiciones de iluminación se crean pares electrón-hueco en exceso sobre las concentraciones de equilibrio en el volumen del semiconductor, que son separados por el campo eléctrico de la unión PN provocando la aparición de una corriente eléctrica en la carga conectada exteriormente.

El comportamiento de una célula cuando funciona como generador de corriente puede explicarse como la diferencia entre la corriente fotogenerada *IL* debida a la generación de portadores en la iluminación y a la corriente del diodo *ID* que corresponde a la corriente en oscuridad por la recombinación de portadores que produce el voltaje externo [25].

$$I = I_L - I_D \qquad (1)$$

Debido a que la componente de recombinación en la zona de carga electrónica domina a tensiones bajas (menor que 0,4V) en la que no suelen trabajar los dispositivos fotovoltaicos, mientras que la de difusión domina en el rango de tensiones altas, que se corresponden normalmente con el rango práctico de utilización de las células, es habitual trabajar con la ecuación (2), en la que se aprecia un solo término exponencial. El esquema eléctrico correspondiente a la célula solar es mostrado en la Figura 7.74.

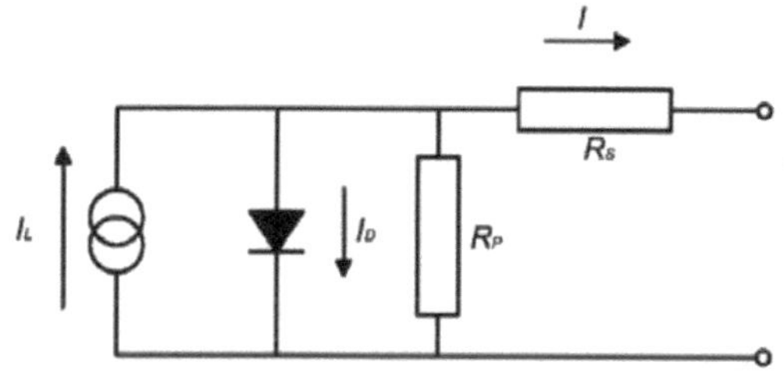

Figura 7.74.- Modelo básico de célula solar.
Fuente: Diseño propio con AutoCAD.

$$I = I_L - I_o \exp\left(\frac{V + IR_S}{mvt} - 1\right) - \frac{V + IR_S}{R_P} \qquad (2)$$

donde *IL* es la corriente fotogenerada; *Io* es la corriente de saturación del diodo; *Rs* es la resistencia serie; *m* es el factor de idealidad del diodo; *Rp* es la resistencia paralelo; *Vt* es el voltaje térmico (*Vt=kTc/e*; *k* la constante de Boltzman, *T*c la temperatura de la célula en Kelvin y *e* la carga del electrón) Esta ecuación describe adecuadamente la características V-I de la mayoría de las células solares fotovoltaicas. Existen además otras simplificaciones de la ecuación. En las células de elevada calidad, el factor de forma (*FF*) es elevado y la eficiencia es grande, por lo que la resistencia paralelo es muy grande en relación con el numerador de la ecuación, quedando la ecuación (3). Así resulta una ecuación con cuatro parámetros a determinar. Si además aproximamos m a la unidad obtenemos una ecuación bastante sencilla con solo tres parámetros a determinar:

$$I = I_L - I_o \exp\left(\frac{V + IR_S}{mvt} - 1\right) \quad (3)$$

Dado que estas ecuaciones están ampliamente validadas para dispositivos fotovoltaicos, el problema en el modelado de la célula y módulos consiste no en la elaboración de un modelo adecuado, sino en el método para determinar los parámetros del modelo.

En el modelo simplificado de una exponencial M. Green [28] hace una serie de suposiciones de las cuales se obtienen unas relaciones empíricas, mediante las cuales se puede calcular la curva V-I de un dispositivo fotovoltaico a partir de los datos suministrados por el fabricante: intensidad de cortocircuito (*ISC*), tensión en circuito abierto (*VOC*) y el factor de forma (*FF*).

$$FF = \frac{I_M x V_M}{I_{SC} x V_{OC}} \quad (4) \qquad \exp\frac{V + IR_S}{mVt} >> 1 \quad (5)$$

En cortocircuito se puede aproximar *IL=ISC* puesto que *IL>>Io. S*i el dispositivo se mantiene en circuito abierto, este se autopolarizará con una cierta tensión, que es la mayor que puede soportar en la región de generación, se trata de la tensión en circuito abierto (*Voc*) y su valor es tal que la corriente fotogenerada queda autocompensada por la corriente de polarización [29].

$$Voc = m\frac{kT}{e}\ln\left[\frac{I_L}{Io} + 1\right] \quad (6)$$

Podemos escribir la característica de la célula de la siguiente manera:

$$I = I_{SC}\left[1 - \exp\left(\frac{V - Voc + IR_S}{V_T}\right)\right] - \frac{V + IR_S}{Rp} \quad (7)$$

El único parámetro que no suministra el fabricante es *Rs* que es el parámetro a calcular. M. Green [28] basándose en estudios del comportamiento esperado de un dispositivo ideal, establece una relación empírica entre *Voc* y *FF* para obtener el valor de *Rs*

$$FF_O = \frac{voc - Ln(voc + 0.72)}{voc + 1} \qquad (8) \qquad\qquad Rs = \left(1 - \frac{FF}{FF_O}\right)\left(\frac{Voc}{Isc}\right) \qquad (9)$$

donde el valor de *FFo* representa el valor de *FF* para el dispositivo ideal o intrínseco -aquel para el que *Rs=0*, mientras que *voc=Voc/Vt* . Resulta ser una manera sencilla de obtener la curva V-I modelada para un determinado dispositivo de silicio fotovoltaico [29].

En la Figura 7.75, se representa el submodelo compuesto de 9 células en serie, cada una de estas células son bloques que la versión de Simulink 2012, que lleva incorporado en su librería de Simscape.

En la entrada del submodelo, se introduce el valor de la irradiancia (intensidad de la luz en W/m^2) que reciben las células solares, dicho valor se hace pasar a través de un convertidor "Simulink-PS Converter", para convertir la señal de Simulink a una señal equivalente en Simscape.

Solver Configuration es un bloque de referencia eléctrica, que representa la conexión a tierra del circuito.

La señal positiva de salida del submódulo, se hace pasar por un bloque de corriente y otro de tensión, para medir la corriente y la tensión para dar unas señales físicas, proporcionales a la señal medida.

La tensión del conjunto del módulo solar se obtiene en la salida 2, en la salida 3 se obtiene la corriente, en la salida 1 la potencia y en las salidas +1 y -2 se obtienen las señales + y – para señales Simscape.

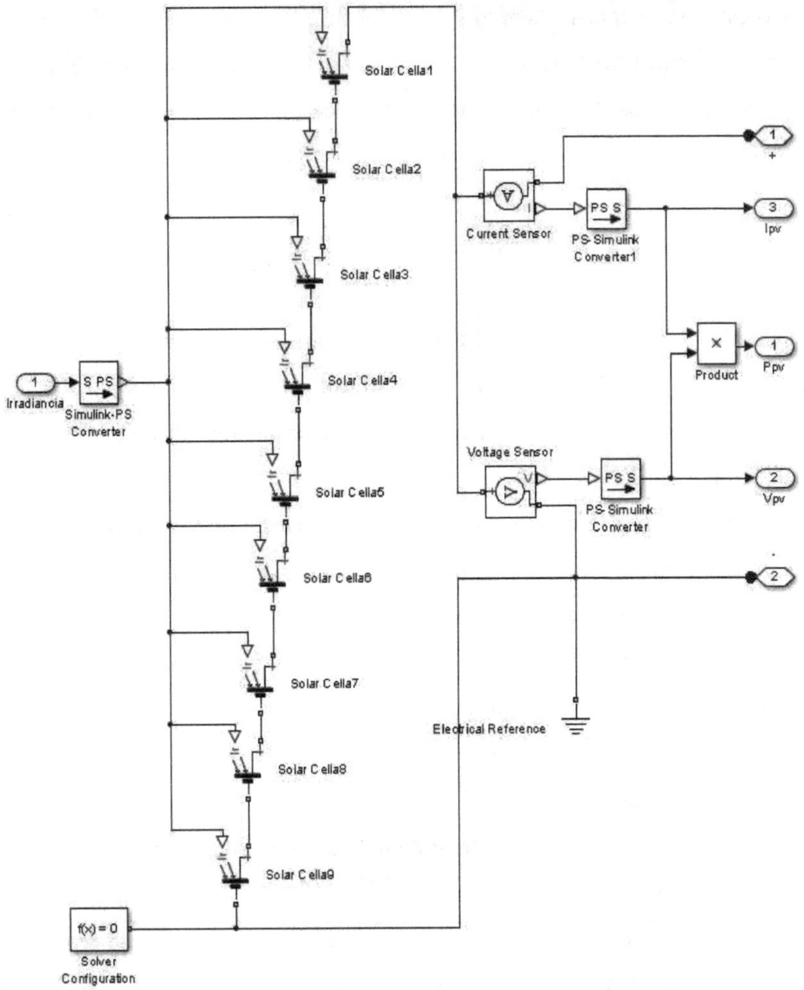

Figura 7.75.- Submodelo de 9 células solares, realizado en Simulink/Matlab. Fuente: Diseño propio.

7.1.3 Bloque del regulador.

El modelo de regulador representado en la Figura 7.76, es básico, se compone de una fuente de corriente controlada, que proporciona una señal a la salida proporcional a la corriente que lo atraviesa, la salida se hace pasar por un bloque "Diode", que permite el paso de la corriente en un solo sentido.

La salida 1, se utiliza para medir la señal de esta corriente. La entrada 1 InPV, es por donde se introduce la señal generada por los módulos solares, en las salidas 1+ y 2- se obtiene la señal eléctrica que se va a utilizar para la carga de las baterías y para la alimentación de los motores y demás elementos del vehículo solar.

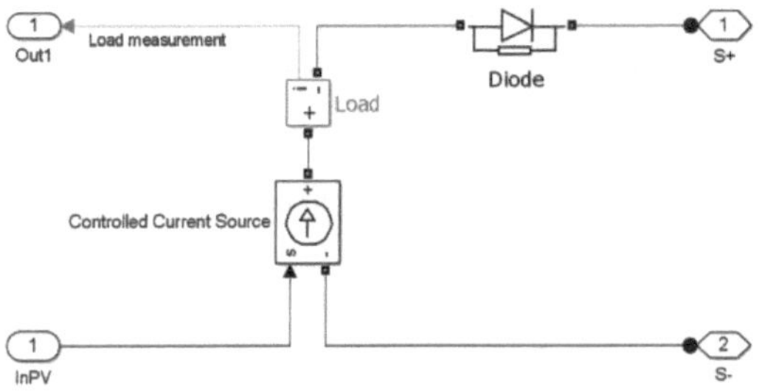

Figura 7.76.- Esquema del regulador básico de carga, realizado en Simulink/Matlab.

Fuente: Diseño propio.

7.1.4 Bloque de la batería.

En la Figura 7.77 se presenta el esquema del bloque baterías, este bloque viene incluido en la librería de Simulink, versión 2012. Sólo hay que especificar las características de la batería a utilizar y las señales a medir. En las conexiones + y – se obtienen los valores de las señales eléctricas de la batería. En la salida "m" se obtienen las señales de medida del % de carga o descarga, la corriente de carga y la tensión de la batería.

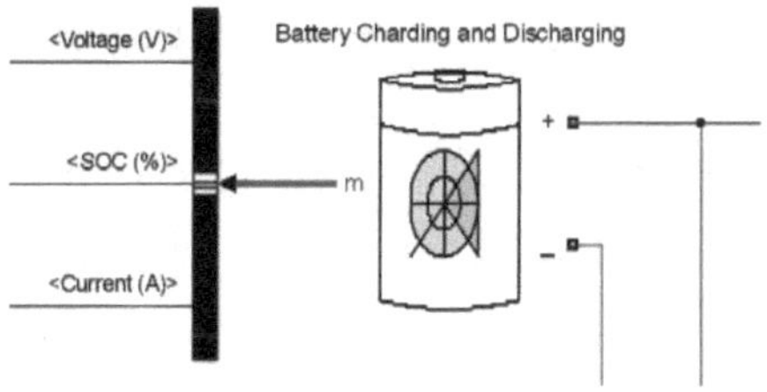

Figura 7.77.- Esquema del modelo de batería, realizado en Simulink/Matlab.

Fuente: Diseño propio.

7.1.5 Bloque del motor.

El motor de CC es un dispositivo electromecánico que convierte la energía eléctrica en energía mecánica [30], esto se puede ver en la Figura 7.78.

El motor consta básicamente de dos bobinas, una llamada de campo y la otra llamada de armadura, esta última puede girar libremente. La bobina de armadura está ubicada en un campo magnético generado en forma normal por una corriente que fluye por la bobina de campo. Cuando una corriente *Ia* fluye por la bobina de armadura y debido a que está en un campo magnético, sobre la bobina actúan fuerzas que lo hacen girar.

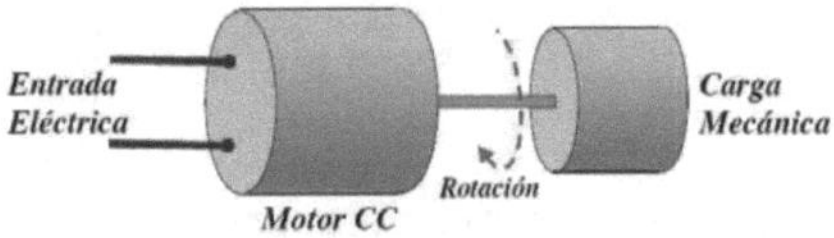

Figura 7.78.- Motor de CC.

Fuente: Raúl Gutiérrez Perucho, Universidad Politécnica de Madrid, DISAM, Simulación de un motor de CC.

En la Figura 7.79, se puede ver que la fuerza *F* que actúa sobre el alambre de longitud *L* por el cual pasa una corriente Ia [31], en un campo magnético con una densidad de flujo *B* , ortogonales al alambre está dada por:

$$F = BI_aL \tag{10}$$

Con *N* alambres:

$$F = NBI_aL \tag{11}$$

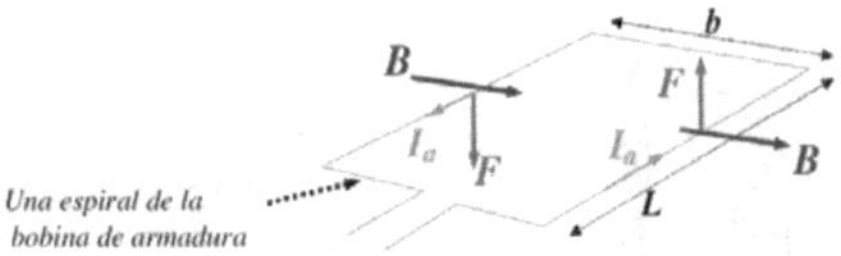

Figura 7.79.- Principio básico de un motor.

Fuente: Raúl Gutiérrez Perucho, Universidad Politécnica de Madrid, DISAM, Simulación de un motor de CC.

Las fuerzas sobre los alambres de la bobina de armadura dan por resultado un par *Td*, donde *Td= Fb,* y *b* es el ancho de la bobina. De este modo,

$$T_d = NBI_a Lb \qquad (12)$$

El par resultante es proporcional a *BIa*, los otros factores son constantes, por lo tanto, se puede escribir,

$$T_d = K_1 BI_a \qquad (13)$$

Como la densidad de flujo magnético depende de la corriente de campo, entonces podemos escribir la ecuación anterior de la siguiente forma:

$$T_d = L_{af} I_f I_a \qquad (14)$$

Donde *Laf* es la inductancia mutua entre la bobina de campo y la de armadura [32]. Puesto que la armadura es una bobina giratoria en un campo magnético, en este se inducirá un voltaje como resultado de la inducción electromagnética. La dirección de este voltaje será de modo tal que se oponga al cambio que lo produce y se denomina fuerza contraelectromotriz [33], [34]. Esta fuerza contra electromotriz *Ve* es proporcional a la velocidad de rotación de la armadura y al flujo eslabonado por la bobina, por lo tanto, a la densidad de flujo *B*. De este modo:

$$V_E = K_2 Bv \qquad (15)$$

donde *w* es la velocidad angular del eje y *K2* es una constante. Como ya dijimos la densidad de flujo magnético depende de la corriente de campo, así que finalmente obtenemos la ecuación para la fuerza contraelectromotriz:

$$V_e = L_{af} I_f w \qquad (16)$$

El circuito de armadura se puede considerar como una resistencia *Ra* en serie con una inductancia *La* y una fuente de fuerza contraelectromotriz, como se muestra en la Figura 7.80. De esta manera si *Vt* es el voltaje aplicado al circuito de armadura, entonces:

$$V_t = V_e + R_a I_a + L_a \frac{dI_a}{dt} \qquad (17)$$

Para el circuito de campo tenemos la siguiente ecuación:

$$V_f = R_f I_f + L_f \frac{dI_f}{dt} \qquad (18)$$

En la parte mecánica observamos que la salida del motor es el par *Td*, menos las pérdidas mecánicas del motor, entonces:

$$T_s = T_d - J_d \frac{dw}{dt} - B_d w \qquad (19)$$

Donde *Jd* y *Bd* son la inercia y el amortiguamiento del rotor.

El par neto que actúa sobre la carga, despreciando la elasticidad de torsión es:

Par neto = Ts - par de amortiguamiento de la carga (20)

Donde el par de amortiguamiento es $B\ w\ L$, y esto producirá una aceleración angular en la carga, por lo tanto tenemos la siguiente ecuación en la carga:

$$J_L \frac{dw}{dt} = T_s - B_L w \qquad (21)$$

Vt=Tensión o voltaje de alimentación (volts)

Ia=Corriente de armadura (amp)

La=Inductancia de la armadura (H)

Ra=Resistencia de la armadura (Ω)

Ve= tensión o voltaje de armadura (volts)

Vf=Tensión o voltaje de campo (volts)

If=Corriente de campo (amp)

Lf=Inductancia del devanado de campo (H)

Rf=Resistencia del devanado de campo (Ω)

Td=Par desarrollado (N.m)

Jd=Inercia del rotor ($Kg.m^2$)

Bd= amortiguamiento en el rotor ($Kg.m^2/seg$)

w=Velocidad angular (rad/seg)

JL=Inercia de la carga($Kg.m^2$)

BL=amortiguamiento de la carga($Kg.m^2/seg$)

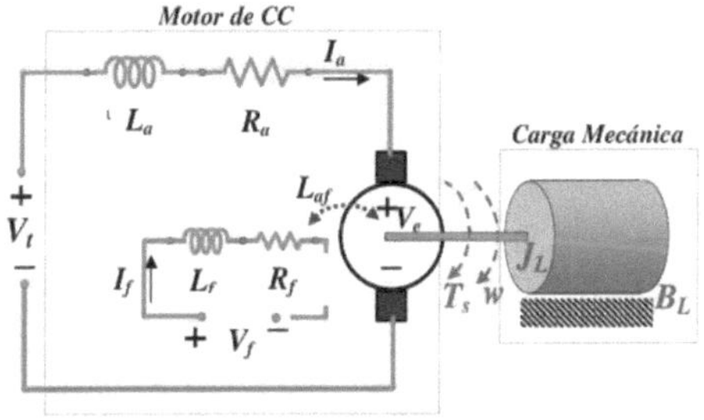

Figura 7.80.- Circuito equivalente de un motor de CC.

Fuente: Raúl Gutiérrez Perucho, Universidad Politécnica de Madrid, DISAM, Simulación de un motor de CC.

En la Figura 7.81, se representa el submodelo de control en H, de un motor DC, se aprecian los 4 semiconductores de control, con sus 4 entradas de señal GD1, GD2, GD3 y GD4, la tensión de la batería entra por las patillas 1+ y 2-.

El submodelo de motor es gobernado mediante una señal PWM, proveniente de un generador apropiado, el cual va conmutando a las señales GD de los semiconductores de control en H. Esta señal de PWM, es proporcional a la velocidad que se quiera conseguir mediante las señales de entrada proporcionadas por la posición del acelerador, entrada 1, de la Figura 7.82.

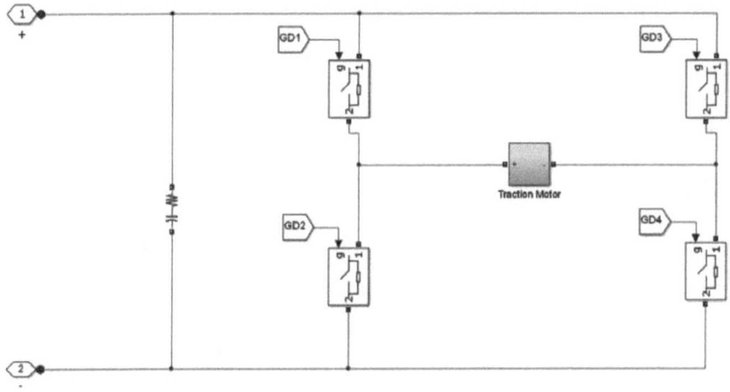

Figura 7.81.- Submodelo de control en H, de un motor, realizado en Simulink/Matlab.

Fuente: Pierre Giroux, Gilbert Sybile, Power System Laboratory, IREQ, Hydro-Quebec.

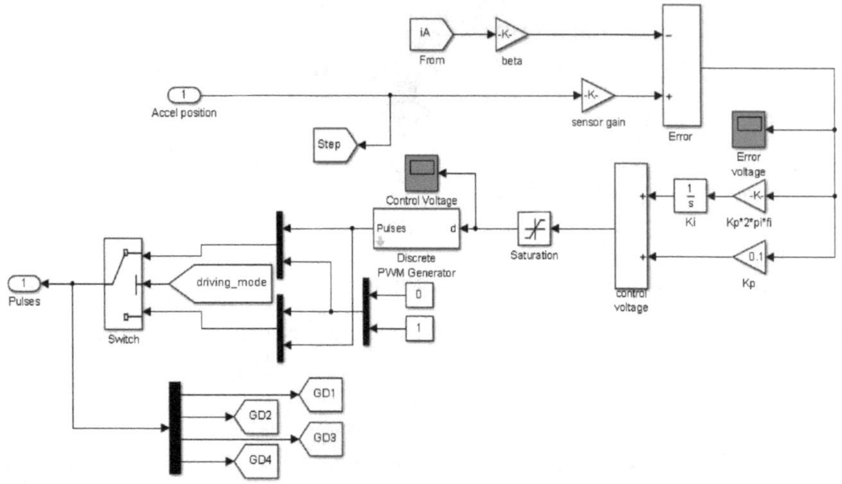

Figura 7.82.- Esquema de submodelo de las señales de control para los semiconductores de potencia, realizado en Simulink/Matlab.

Fuente: Pierre Giroux, Gilbert Sybile, Power System Laboratory, IREQ, Hydro-Quebec.

El esquema del submodelo del generador de señales de control PWM se puede ver en la Figura 7.83.

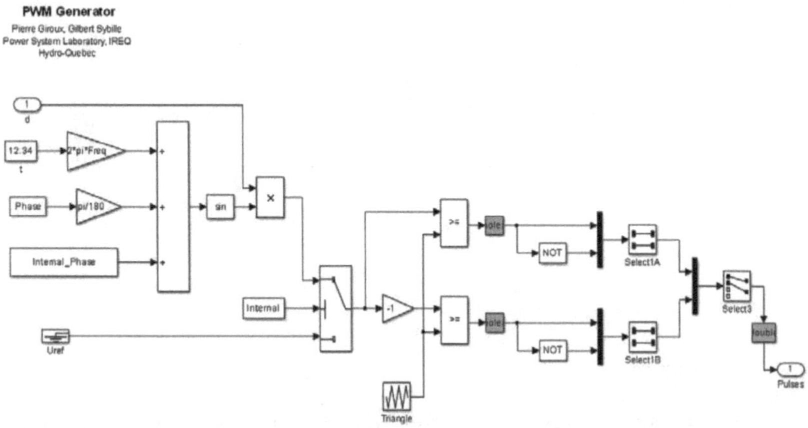

Figura 7.83.- Esquema del generador PWM, realizado en Simulink/Matlab.

Fuente: Pierre Giroux, Gilbert Sybile, Power System Laboratory, IREQ, Hydro-Quebec.

En la Figura 7.84, se aprecia el esquema de integrador, sumador y bloque ganancia para obtener una señal de medida linealizada.

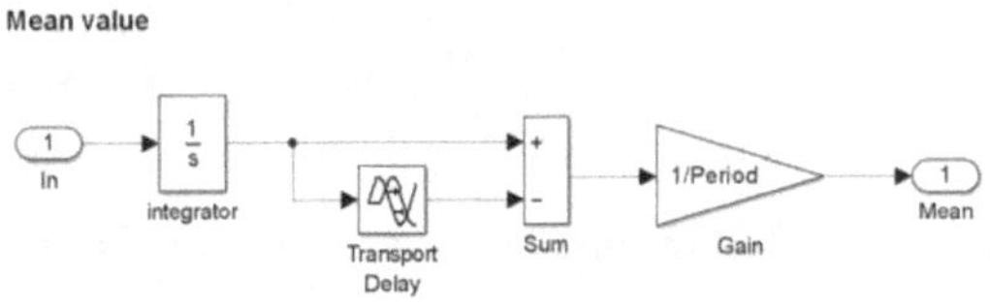

Figura 7.84.- Esquema del submodelo de integrador de señales a medir, realizado en Simulink/Matlab.

Fuente: Pierre Giroux, Gilbert Sybile, Power System Laboratory, IREQ, Hydro-Quebec.

En la Figura 7.85, se aprecia el submodelo con los bloques de simulink, para la creación del modelo motor de CC, se aprecian los bloques La, Ra, Rr y Cj que corresponden con la bobina, resistencias y capacidad equivalentes del motor, los demás bloques establecen los demás parámetros del motor CC, necesarios para el funcionamiento completo.

En la Figura 7.86, se ve el esquema del submodelo de entrada de tiempos para el correcto funcionamiento del modelo motor CC.

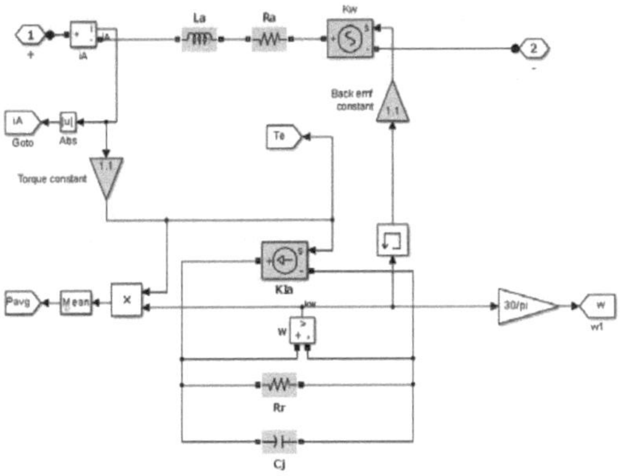

Figura 7.85.- Esquema del submodelo motor CC, realizado en Simulink/Matlab.

Fuente: Pierre Giroux, Gilbert Sybile, Power System Laboratory, IREQ, Hydro-Quebec.

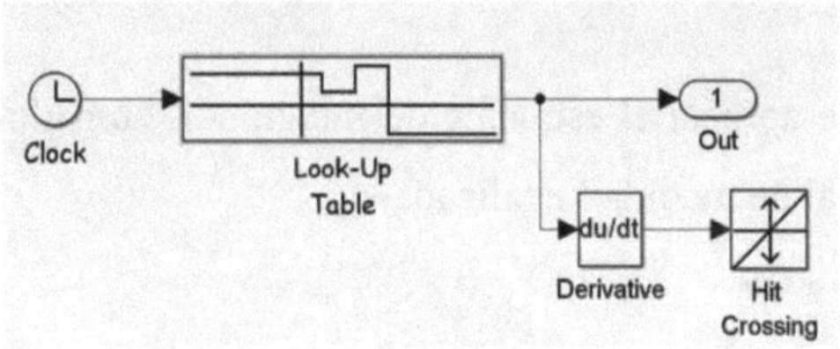

Figura 7.86.- Esquema del modelo de SAV, realizado en Simulink/Matlab.

Fuente: Pierre Giroux, Gilbert Sybile, Power System Laboratory, IREQ, Hydro-Quebec.

7.2 Parámetros de simulación.

En este apartado se reflejan los parámetros de simulación del modelo de vehículo solar autónomo, realizado en Simulink, versión R2012b.

En la Figura 7.87, aparece el cuadro del generador de señales de entrada y tiempos.

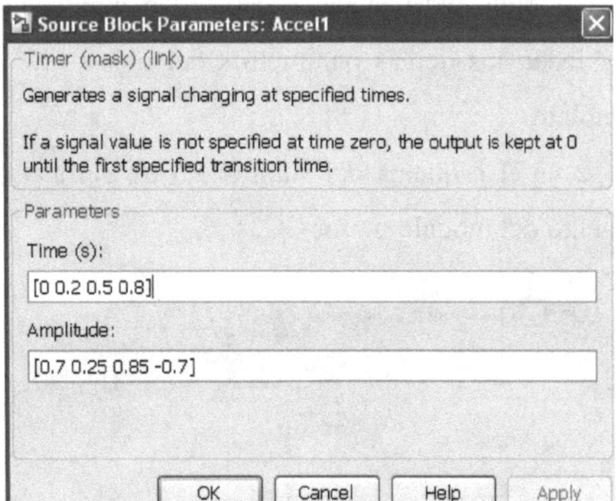

Figura 7.87.- Cuadro de entrada de señales de simulación, realizado en Simulink/Matlab.

Fuente: Diseño propio.

7.2.1 Condiciones iniciales de las baterías.

En el cuadro de la Figura 7.88, aparecen los datos de inicio de las baterías, tipo de baterías, tensión, carga inicial, etc.

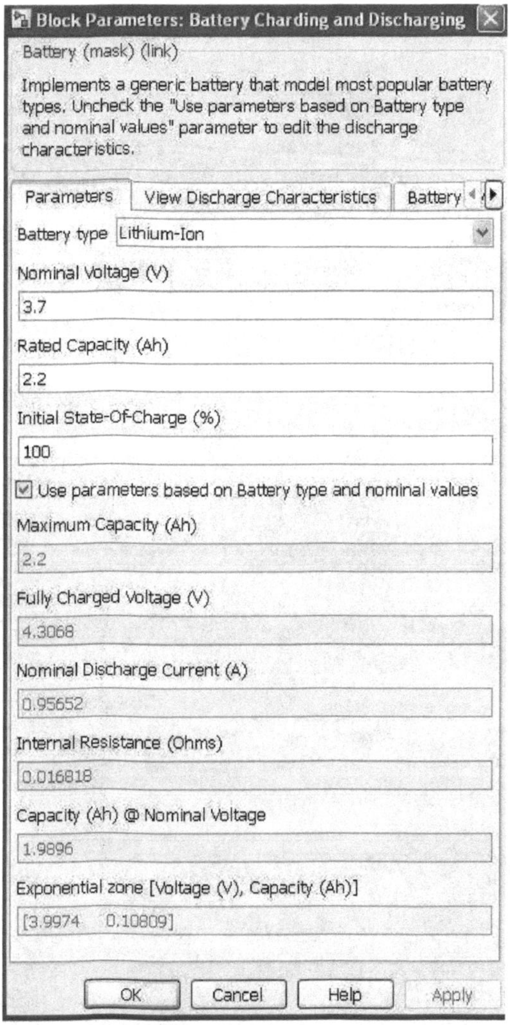

Figura 7.88.- Cuadro de valores iniciales de las baterías, realizado en Simulink/Matlab.

Fuente: Diseño propio.

7.3 Resultados de la simulación.

7.3.1 Resultados comportamiento de los motores.

En la Figura 7.89, aparece el cuadro de salida con las gráficas de la simulación obtenidas en el Scope 1.

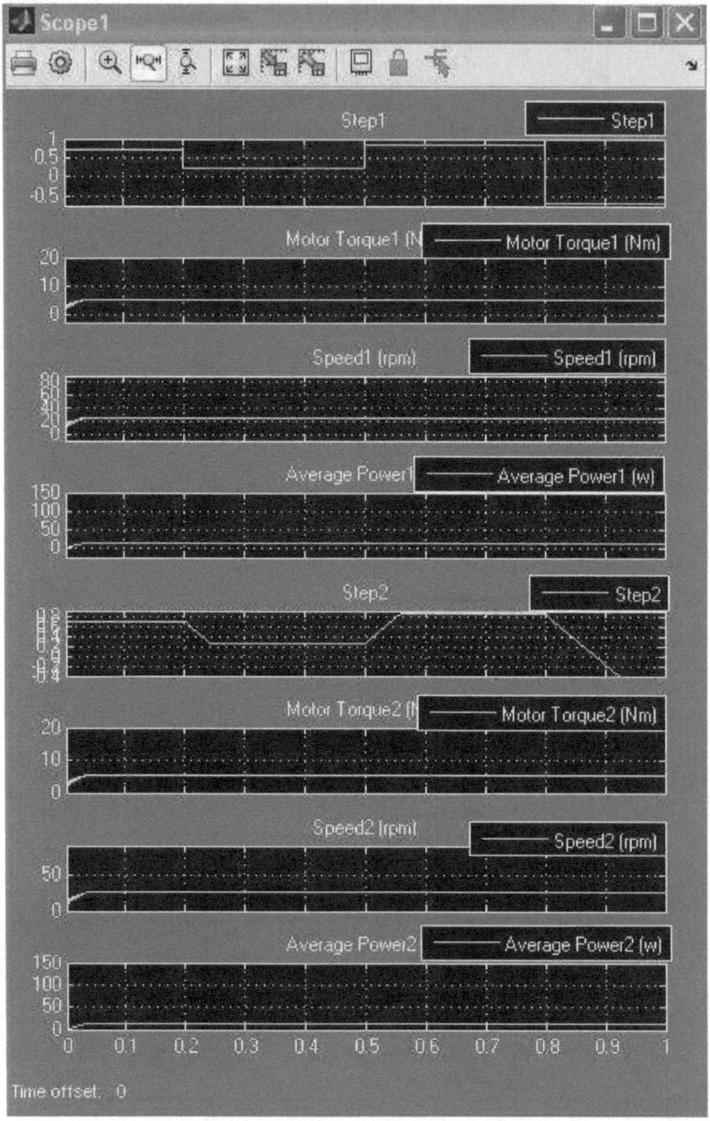

Figura 7.89.- Gráficas obtenidas de la simulación en Scope 1, realizado en Simulink/Matlab.

Fuente: Simulación propia.

7.3.2 Resultados del generador PWM.

En la Figura 7.90, aparece el cuadro de salida con las gráficas de la simulación obtenidas en el Scope 4, Gate Driver, señales PWM, de control de GD1-GD4, del motor 1.

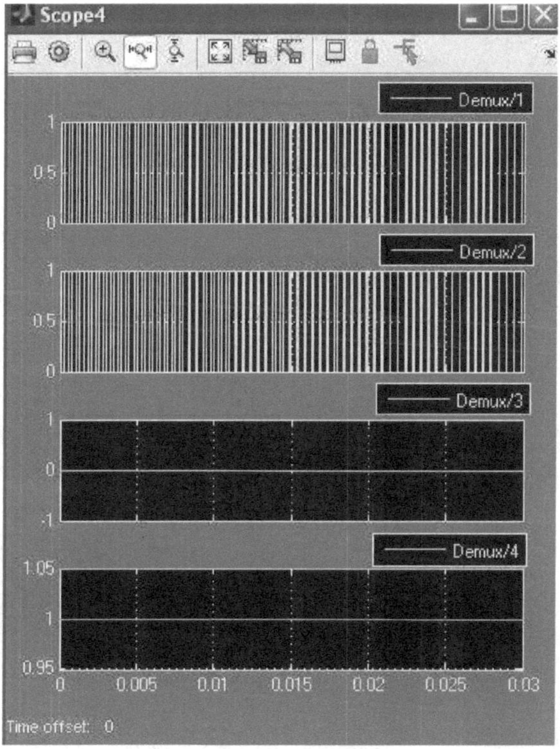

Figura 7.90.- Gráficas de salida de las señales PWM, realizado en Simulink/Matlab. Fuente: Simulación propia.

7.3.3 Resultados carga y descarga de la batería.

En la Figura 7.91, aparece el cuadro de salida con las gráficas de la simulación obtenidas en el Scope 3.

En estas gráficas se pueden ver la variación del voltaje de la batería, el porcentaje de carga, la corriente de carga proveniente del regulador de carga solar, la corriente de descarga y la corriente de salida que fluye hacia los motores.

La penúltima gráfica representa la corriente de salida del regulador de carga solar, que fluye hacía las baterías.

La última gráfica indica la corriente de entrada o salida de las baterías.

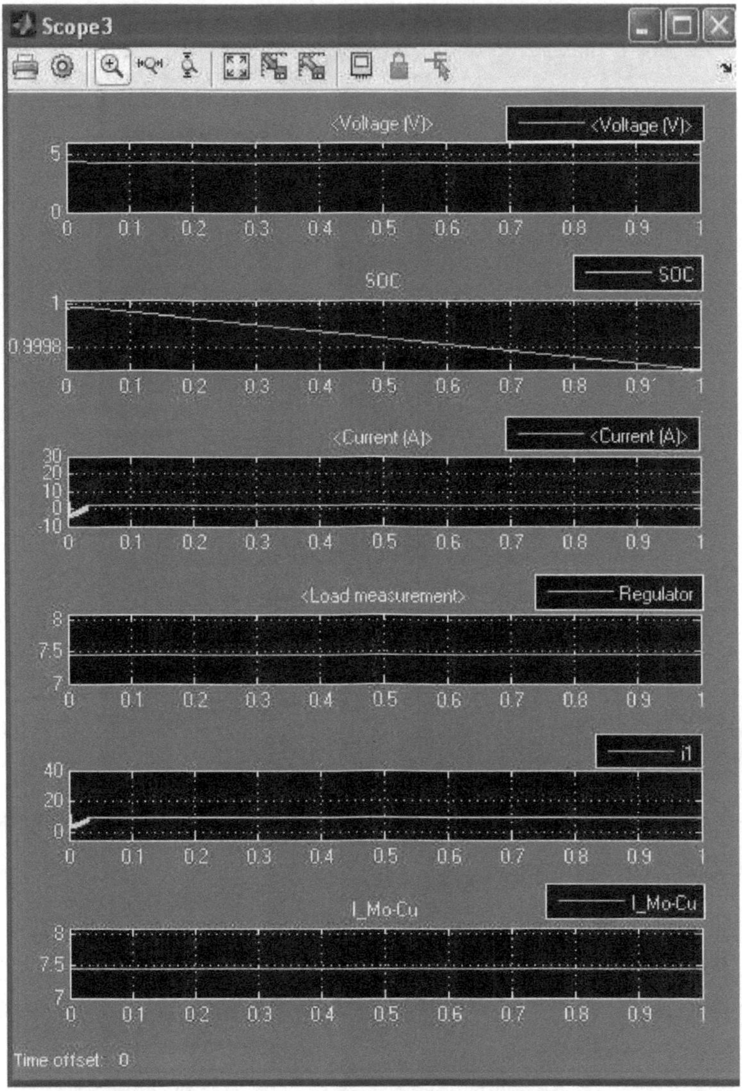

Figura 7.91.- Gráficas obtenidas de las baterías, con el Scope 3, realizado en Simulink/Matlab.

Fuente: Simulación propia.

Capítulo 8

8 Resultados experimentales.

8.1 Generando trayectorias.

Se hicieron pruebas para verificar la correcta navegación del SAV, el comportamiento del generador fotovoltaico y el ambiente donde navega.

Se escogieron dos entornos: uno interior, Figura 8.92 y uno exterior. En el entorno interior localizado en el Laboratorio, se traza la trayectoria a seguir por el SAV y se colocan unos obstáculos que el SAV tendrá que evitar.

Además existe una baja radiación solar incidente sobre los módulos solares provenientes de las ventanas orientadas al Oeste del Laboratorio, de esta forma el robot móvil dispone de fuente de energía.

El SAV lleva un sensor de energía generada [35], sensores de nivel de carga de los acumuladores, sensores de consumo de energía, para el sistema de gestión de la energía y un sistema de posicionamiento global GPS [36].

Las variables de interés para el control del SAV son las posiciones espaciales dadas en coordenadas (x,y) y el ángulo φ que representan la orientación dentro del entorno. Para el control de alcance se emplean las coordenadas iniciales (x_i, y_i) y las coordenadas finales (x_f, y_f) del objetivo y para el seguimiento de la trayectoria se emplean incrementos de la trayectoria a seguir como comandos de referencias para el neuro-controlador. La Figura 8.92, muestra la trayectoria trazada por SAV para el alcance de un objetivo con obstáculos [38] y [39].

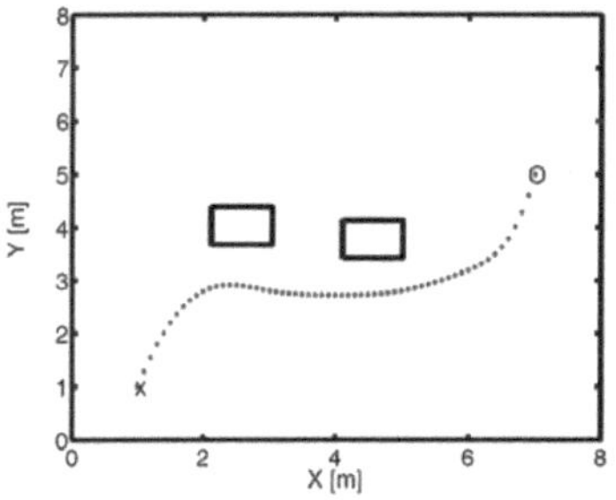

Figura 8.92.- Prueba del SAV, evitando obstáculos en interiores.

Fuente: Propia.

Todo este sistema sensorial y el GPS permiten conocer en todo momento la posición y orientación del SAV.

Podemos introducir las coordenadas iniciales, finales y la ruta a seguir, permite que el SAV inicie la ruta, con la mayor precisión posible, a la vez que debe tener en cuenta la energía disponible en sus sistemas de acumulación, para ello, debe en todo momento verificar la radiación incidente, la energía acumulada y el consumo.

En el caso de que haya poca radiación, el SAV debe reducir el consumo de sus sistemas, para ello reduce la velocidad de navegación, en el caso de que baje demasiado la energía de los acumuladores, el sistema de control puede parar el robot y comunicar su estado y localización, por vía remota, a la estación base.

Hay que tener en cuenta, que en las pruebas realizadas en interiores, no funciona el receptor GPS, por eso se utilizó el compás magnético para la navegación.

En la Figura 8.93, muestra la trayectoria generada por el SAV en un entorno al aire libre, donde su objetivo es seguir un recorrido quasi-senoidal aplicando el sistema de gestión de la energía y la geo-referencia (GPS).

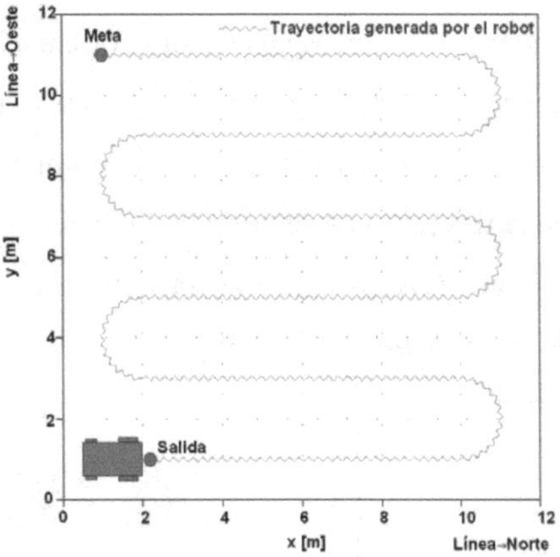

Figura 8.93.- Simulación de la trayectoria del robot SAV, en exteriores.

Fuente: [40] y [41].

En la Figura 8.94, se observan los errores (e_x, e_y), en todo el recorrido, siendo la trayectoria realizada de 60 metros, completando seis rectas de 8 metros, tres giros a izquierda y dos a derecha, como vemos el error no sobrepasa los 0,2 metros.

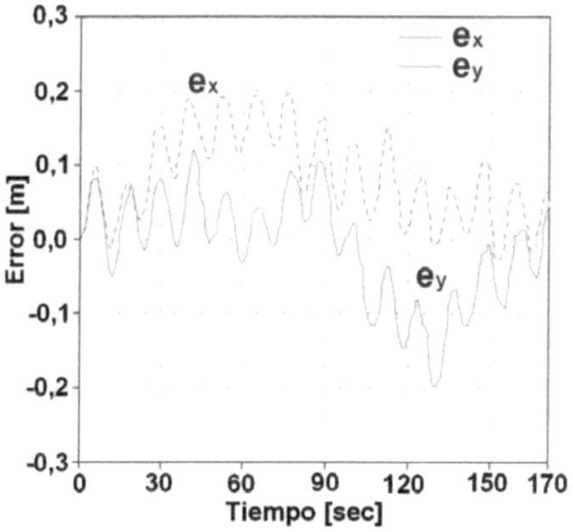

Figura 8.94.- Errores en la trayectoria del robot SAV.
Fuente: [40] y [41].

La Figura 8.95, refleja el desfase de la orientación del SAV en la primera recta de 8 metros y en el primer giro a izquierda, se observa como el desfase de la orientación se hace 0, a los 8 segundos, debido a la inercia del SAV que retarda el movimiento y el giro.

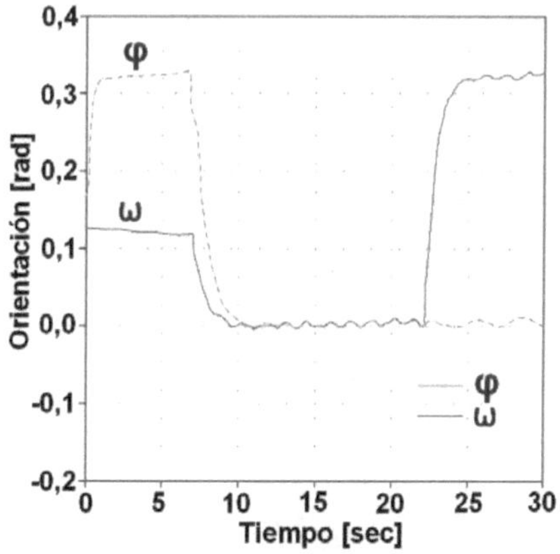

Figura 8.95.- Desfase en la orientación de la trayectoria del robot SAV.
Fuente: [40] y [41].

En la Figura 8.96, se observan las velocidades (v_x, v_y) del SAV, durante todo el recorrido de los 60 metros, la velocidad en recta es de 0,5m/s y durante los giros de 0,25m/s, el tiempo total de la simulación es de 170 segundos, en las rectas, la velocidad v_x = 0,5m/s y v_y = 0m/s, mientras que en los giros, $v_{x,}$ v_y van variando entre 0,1 y 0,25m/s.

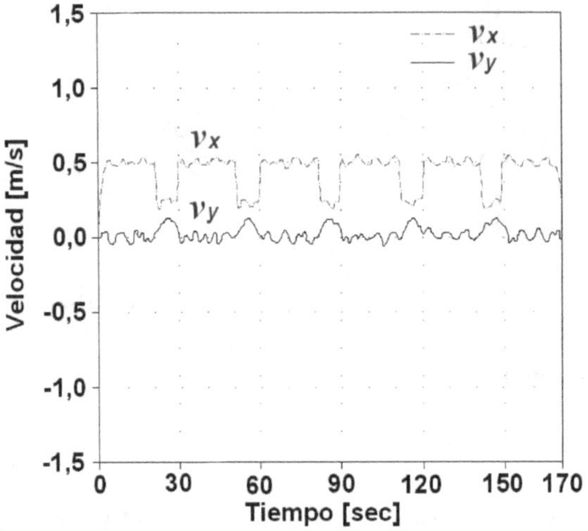

Figura 8.96.- Velocidades del robot SAV.

Fuente: [40] y [41].

La Figura 8.97, se muestra el resultado de la trayectoria generada por el SAV (línea roja) a diferentes alcances de metas. La secuencia de alcance es de Inicio (1, 1)*m* al objetivo T1 (4, 3.5)*m*, una vez alcanzado este objetivo se lanza a la siguiente meta T2(10,8)*m*, y desde T2(10,8)*m* a T3 (2,10)*m* y finalmente desde T3(2,10)*m* a T1(4,3.5)*m*. La trayectoria generada por el SAV es un quasi-triangulo.

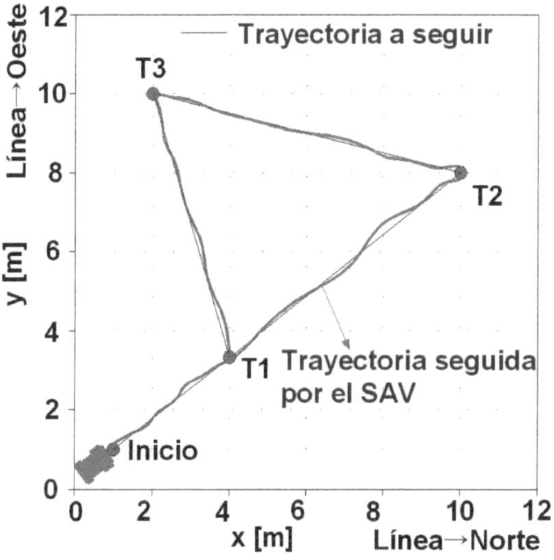

Figura 8.97.- Trayectoria quasi-triangulo del robot SAV.

Fuente: [40] y [41].

8.2 Evitando obstáculos.

Se debe recopilar una gran cantidad de datos, para poder realizar el proceso de entrenamiento, para la tarea de poder realizar las trayectorias para la que ha sido creado el robot navegador.

Dentro del entorno de la simulación, se ha trazado la ruta a seguir y se ha colocado un obstáculo móvil, un vehículo que se cruza en su trayectoria, que se desplaza con dirección Este-Oeste.

Tal como se muestra en la Figura 8.98, el SAV, mediante sus sensores de obstáculos, detectan al vehículo que se cruza, con suficiente antelación, calcula su dirección, sentido y velocidad, entonces el sistema de control procede a cambiar su rumbo para evadir el obstáculo y después vuelve a su ruta trazada, para continuar con la misión de exploración trazada.

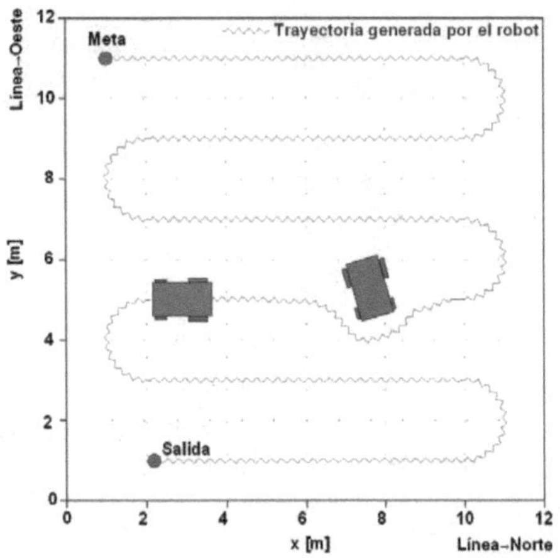

Figura 8.98.- Trayectoria seguida por el SAV en presencia de un vehículo móvil.
Fuente: [40] y [41].

En la Figura 8.99, se ha simulado la trayectoria y una ruta para el SAV, pero se han colocado dos objetos móviles, dos vehículos que se cruzan en su trayectoria, que se desplazan con dirección Este-Oeste, durante la simulación el SAV procedía a evitar los vehículos que se cruzaban, cada vez con más precisión.

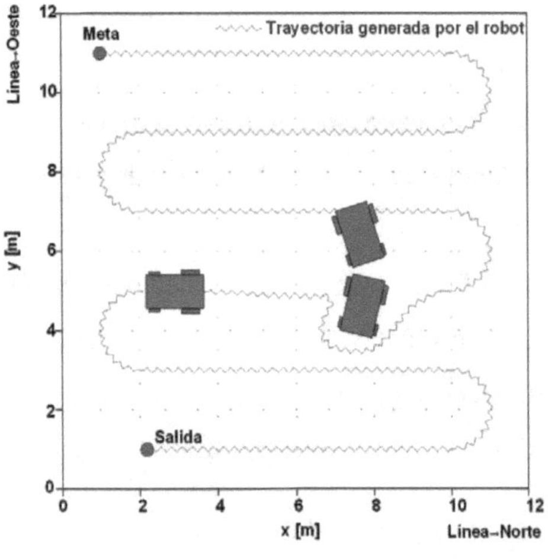

Figura 8.99.- Trayectoria seguida por el SAV en presencia de varios vehículos móviles.
Fuente: [40] y [41].

Capítulo 9

9 Conclusiones.

9.1 Conclusiones y aportaciones.

Los puntos más importantes del trabajo son:

El sistema CPU propuesto permite el control de navegación y gestión energética simultanea del SAV, permitiendo llevar a cabo una misión, sin el problema del abastecimiento energético.

Aplicar células solares fotovoltaicas para abastecer a un robot autónomo explorador y poder coordinar la navegación con el sistema de gestión energética es un campo nuevo en la investigación, permite aplicaciones en el campo del ahorro energético, exploraciones espaciales y oceánicas.

El aporte de energía procedente de energías renovables, hace al SAV más versátil, permitiendo ser más ecológico y sostenible. Cuando se realiza una exploración científica para obtener información de unos sensores, como salinidad del mar, viento, temperatura, partículas suspendidas en el aire, gases, etc., o imágenes del entorno, este SAV, permite que dichas medidas no sean alteradas por contaminación del propio SAV, al utilizar energía limpia como la solar.

Creación de una librería de datos de entrenamiento en Simulink/Matlab®, muy importantes para el aprendizaje de sistemas energéticos procedentes de energías limpias y renovables.

Esta librería de datos permite, con pocas variaciones, simular otros vehículos solares, con diferentes módulos, motores, baterías y entornos de navegación.

Se simularon varias trayectorias y se colocaron varios obstáculos en movimiento, el SAV, en todos los casos, evitó los obstáculos y volvió a su ruta preestablecida, con más o menos precisión.

Se simuló con diferentes obstáculos, variando su tamaño, su velocidad, dirección y sentido, comprobando que con objetos pequeños, es más difícil su detección y a cierta distancia es complicado averiguar su velocidad, se deben ajustar muy bien todos los sensores, incluso duplicar el sistema de detección de obstáculos, utilizando sensores de diferente tecnología.

El SAV es capaz de seguir una ruta sin ayuda humana, al tiempo que toma muestras o recoge datos que sirven para investigaciones científicas, sistemas de guiado autónomo, etc.

El modelo creado en Simulink/Matlab, permite simular y experimentar en diferentes plataformas de investigación, usando como fuente energética la energía solar fotovoltaica, la recarga en baterías y la propulsión con motores dc, en diferentes escenarios, como exploradores terrestres, en desiertos, casquetes polares, exploraciones volcánicas, embarcaciones marinas, vehículos aéreos y exploraciones espaciales, etc.

Capítulo 10

10 Referencias.

10.1 Referencias.

[1] Mª. L. Fanjul de Moles and Aldi de Oyarzábal, "Navegación animal". Investigación y Ciencia, diciembre de 2007.

[2] Nathan F. Putman, Courtnet S. Endres, Catherine M. F. Lohmann and K. J. Lohmann, "Longitud Perception and Bioordinate Magnetic Maps in Sea Turtles". Current Biology 21, 463-466, March 22, 2011.

[3] Lohmann, K. J. & Lohmann, "Detection of magnetic inclination angle by sea turtles: a possible mechanism for determining latitude". Journal of Experimental Biology 194: 23-32. C. M. F. 1994.

[4] Lohmann, K. J. & Lohmann, "Detection of magnetic field intensity by sea turtles". Nature, 380: 59-61. C. M. F. 1996.

[5] Lohmann K. J., Hester, J. T. & Lohmann, "Long-distance navigation in sea turtles". Ethology Ecology & Evolution, 11: 1-23. C. M. F. 1999.

[6] Lohmann, K. J., Cain, S. D., Dodge, S. A. & Lohmann, "Regional magnetic fields as navigational markers for sea turtles". *Science*, 294: 364-366. C. M. F. 2001.

[7] Mª C. Marcos provecho, R. Guzmán Martínez y R. Alaíz Rodriguez, "Autoguiado de robots móviles mediante redes neuronales". Escuela de Ingenierías Industrial e Informática, Dpto. Ingeniería Eléctrica y Electrónica. Universidad de León. XXV Jornadas de Automática, Ciudad Real, del 8 al 10 de septiembre de 2004.

[8] A. Ollero Baturone, "Robótica Manipuladores y robots móviles", Ed. Marcombo. ISBN: 84-481-0815-9. 2001.

[9] R. Brooks, "A Robust Layered Control System for a Mobile Robot". IEEE Journal or Robotics and Automation, Vol. RA-2, Nº1, pp 14-23.

[10] N. Nilsson, "Inteligencia Artificial: una nueva síntesis". Ed. McGraw-Hill. ISBN 84-481-2824-9. España 2001.

[11] R. J. Mitchell and D. A. Keating, "Neural Network Control of Simple Mobile Robot". Department of Cybernetics. The University of Reading. Reading, UK.

[12] Yan Zhou, D. Wilkins and Robert Cook, "Neural Networt Control for A Fire-Fighting Robot". University of Mississippi. Dept. of Computer and Information Science.

[13] R. McEwen, H. Thomas, D. Weber, F. Psota. "Performance of an AUV Navigation System at Arctic Latitudes". Monterrey Bay Aquarium Research Institute, Kearfott Guidance and Navigation Corporation. October of 2001.

[14] L. E. Ray, J. H. Lever, A. D. Streeter. "Performance of a Solar-Powered Robot for Polar Instrument Networks". Thayer School of Engineering, Dartmouth College Hanover, Cold Regions Research and Engineering Laboratory U.S. Army ERDC, Hanover.

[15] "Solar Powered Autonomous Underwater Vehicle, FSI SAUV II". Falmouth Scientific, Inc. 1400 Route 28ª, pobox 315, Cataumet, MA 02534-0315, septembre 2004, 2008 and 2009.

[16] http://liquidr.com/.

[17] http://www.planetsolar.org/.

[18] http://www.microtransat.org/index.php?lang=en.

[19] http://www.outbackpower.com/.

[20] P. Forde Rynne. "Design & performance og wind and solar-powered autonomous surface vehicle". Thesis for the Degree of Master of Sciencie. Florida Atlantic University. December 2008.

[21] A. Lammas, K. Sammut, F. He. "6-DoF Navigation Systems for Autonomous Underwater Vehicles". Flinders University Australia.

[22] http://www.aber.ac.uk/en/cs/news-archive/2010/title-97105-en.html.

[23] Li, Z.X., Bui, T.D.: Robot path planning using fluid model. J. Intell. Robot. Syst., 21 (1998) 29-50.

[24] Fujii, T., Arai, Y., Asama, H., Endo, I.: Multilayered reinforcement learning for complicated collision avoidance problems. In: Proceedings IEEE International

Conference on Robotics and Automation. Volume 3, Leuven, Belgium (1998) 2186-2191.

[25] Carreras, M., Yuh, J., Batlle, J., Ridao, P.: A behavior-based scheme using reinforcement learning for autonomous underwater vehicles. IEEE Journal of Oceanic Engineering, 30 (2005) 416-427.

[26] Ciemat. Fundamentos, dimensionado y aplicaciones de la energía solar fotovoltaica. Serie ponencias. Editorial Ciemat. 2003.

[27] J.D.Aguilar, G.N. Fuentes, J. Marín, J.C. Hernámdez, F.J. Muñoz y E. Guzmán, Grupo I+DEA. Escuela Politécnica Superior. Universidad de Jaén. Campus de las Lagunillas. Estudio de la célula solar con ayuda de simulador pspice® y medidas de módulos fotovoltaicos de silicio cristalino a sol real.

[28] F.Gimeno, S. Segui, S.Orts. Convertidores electrónicos: Energía solar fotovoltaica, aplicaciones de diseño. Departamento Publicaciones Universidad Politecnica de Valencia. 2002.

[29] M. A. Green, Solar cells. Operating principles, Technology and System Applications, Prentice-Hall, Nueva Jersey, 1982.

[30] E. Lorenzo, Electricidad Solar. Ingeniería de los sistemas fotovoltaicos. Progensa, 1994.

[31] Raúl Gutiérrez Perucho. Universidad Politécnica de Madrid, DISAM, Simulación de un motor de CC.

[32] Alonso Rodriguez Angel M., Cátedra de Máquinas Eléctricas, Teoría de Máquinas de Corriente Contínua y Motores de Colector, Universidad Politécnica de Madrid, ETSII, 1995.

[33] Theodore Wildi, Electrical Machines, Drivers and Power systems, 4thEdition, Prentice Hall International, Inc. 2000.

[34] Cathey Jimmie J., Máquinas Eléctricas, Análisis y diseño aplicando Matlab, Mc Graw Hill, 2002.

[35] Tan Kiong Howe, Evaluation of the transient response of a DC motor using Matlab/Simulink, Department of Electrical Engineering, University of Queesland, may, 2003.

[36] J. M. Andújar Márquez. "Aportaciones a la instrumentación electrónica en la optimización de sistemas basados en energía solar". Tesis doctoral. Universidad de Huelva. 16 de diciembre de 2009.

[37] J. R. Rey. "El sistema de posicionamiento global-GPS". University of Florida. IFAS Extensión.

[38] García-Córdova, F.: A cortical network for control of voluntary movements in a robot finger. Neurocomputing 71 (2007) 374-391.

[39] García-Córdova, F., Guerrero-González, A., Marín-García, F.: Design and implementation of an adaptive neuro-controller for trajectory tracking of nonholonomic wheeled mobile robots. In Mira, J., Álvarez, J.R., eds.: Nature Inspired Problem-Solving Methods in Knowledge Engineering, Lectures Notes in Computer Science. Volume 4528. Springer-Verlag Berlin Heidelberg, LNCS-4528, Part II, ISBN: 978-3-540-73054-5 (2007) 459-468.

[40] A. Guerrero, F. García, I. González. Laboratorio de Vehículos Submarinos, Departamento de Ingeniería de Sistemas y Automática, Universidad Politécnica de Cartagena, Cartagena, España."Vehículo Solar Autónomo de Arquitectura Electrónica Abierta para el Desarrollo de Algoritmos de Gestión de Energía". Jornadas de Computación Embebida". Jornadas Sarteco. Universidad Miguel Hernández, Elche, España. Junio-septiembre 2012.

[41] A. Guerrero, I. González. Laboratorio de Vehículos Submarinos, Departamento de Ingeniería de Sistemas y Automática, Universidad Politécnica de Cartagena, Cartagena, España." Vehículo Solar Autónomo para el desarrollo de algoritmos de generación de trayectorias optimizados energéticamente". VI Jornada de Introducción a la Investigación de la UPCT, Asociación de Jóvenes Investigadores de Cartagena (AJICT) febrero de 2013.

More Books!

yes

I want morebooks!

Buy your books fast and straightforward online - at one of the world's fastest growing online book stores! Environmentally sound due to Print-on-Demand technologies.

Buy your books online at

www.get-morebooks.com

¡Compre sus libros rápido y directo en internet, en una de las librerías en línea con mayor crecimiento en el mundo! Producción que protege el medio ambiente a través de las tecnologías de impresión bajo demanda.

Compre sus libros online en

www.morebooks.es

OmniScriptum Marketing DEU GmbH
Bahnhofstr. 28
D - 66111 Saarbrücken
Telefax: +49 681 93 81 567-9

info@omniscriptum.com
www.omniscriptum.com

OMNIScriptum

FSC
www.fsc.org
MIX
Papier | Fördert
gute Waldnutzung
FSC® C083411

Kolibri 360 GmbH
Ferdinand-Jühlke-Straße 7
99095 Erfurt, Deutschland
produktsicherheit@kolibri360.de

Druck:
CPI Druckdienstleistungen GmbH
im Auftrag der
Kolibri 360 GmbH
Ferdinand-Jühlke-Str. 7
99095 Erfurt